基础化学实验

主　编　甄　攀

副主编　梁惠花　汤彦丰

编　者(以姓氏笔画为序)

　　　　王　春　刘晓河

　　　　汤彦丰　侯占忠

　　　　梁惠花　甄　攀

西安电子科技大学出版社

内 容 简 介

本书结合医学专业本科生的培养目标和特点，按照高等医学院校"基础化学"课程的教学大纲的要求编写。目的是加强对学生的基本操作训练，提高学生分析问题、解决问题的能力，培养学生严谨的科学态度和作风。全书分三部分，包括化学实验规则及一般要求、常用仪器及基本操作以及十六个实验。

本书可供高等学校医学专业本科生使用，也可供相关专业学生参考。

图书在版编目(**CIP**)数据

基础化学实验/甄攀主编. —西安：西安电子科技大学出版社，2013.8(2024.7 重印)
ISBN 978–7–5606–3144–8

Ⅰ. ①基…　Ⅱ. ①甄…　Ⅲ. ①化学实验—高等学校—教材　Ⅳ. ①O6-3

中国版本图书馆 CIP 数据核字(2013)第 174075 号

责任编辑　马武装　陈　婷
出版发行　西安电子科技大学出版社(西安市太白南路 2 号)
电　　话　(029)88202421　88201467　　邮　　编　710071
网　　址　www.xduph.com　　　　　　　电子邮箱　xdupfxb001@163.com
经　　销　新华书店
印刷单位　陕西天意印务有限责任公司
版　　次　2013 年 8 月第 1 版　　2024 年 7 月第 8 次印刷
开　　本　787 毫米×960 毫米　1/16　印　张　7
字　　数　136 千字
定　　价　21.00 元
ISBN 978-7-5606-3144-8
XDUP 3436001−8
如有印装问题可调换

前　言

　　本书结合现阶段高等医药院校本科基础化学的教学实际情况，遵循基础理论、基本知识、基本技能和特定的对象、特定的要求、特定的限制等原则，根据高等医学院校"基础化学"教学大纲的要求编写而成。

　　按照国家的相关规定，本书全部采用以国际单位制(SI)为基础的《中华人民共和国法定计量单位》和国家标准(GB3100～3102—93)中所规定的符号和单位。

　　本书在编写时注意了与医学和生物学知识的结合，以使学生在加强基本操作训练的同时提高实验兴趣。为使化学实验技术不断更新以适应科技发展的需要，书中加入了部分仪器分析的实验内容。本书包含十六个实验，各校可根据实际情况选做。

　　参加本书编写的人员有：甄攀(分析天平简介，实验三、实验十一、实验十二，附录)，梁惠花(实验二、实验四、实验九、实验十)，刘晓河(实验一、实验五、实验六)，汤彦丰(化学实验的一般要求，仪器认领、洗涤和干燥，滴定分析所需的主要仪器及基本操作，实验七、实验八、实验十三、实验十五)，王春(实验十四、实验十六)，侯占忠(化学实验规则，常用仪器)。

　　本书虽经集体讨论和多次校阅，但因编者水平有限，疏漏之处在所难免，恳请广大读者批评指正。

编　者

2013 年 3 月

目　录

第一部分 化学实验规则及一般要求

一、化学实验规则

(一) 一般实验规则

(1) 实验前应认真预习实验指导、相关的教材内容，并查阅有关资料，明确实验目的和要求，熟悉实验的基本原理、方法和步骤，写出实验计划。

(2) 实验开始时，应先检查仪器、药品及用具是否齐全。实验过程中要正规操作、仔细观察、认真作好记录。

(3) 严格遵守实验室各项制度。室内不准大声喧哗；不准将饮料、食品带入室内；不得在室内随意走动；严禁将火柴杆、废纸、废液、碎玻璃及其他废物丢入水槽内或扔到地上，所有废弃物品必须放到指定的容器内。

(4) 严格遵守实验操作规程，注意安全；要爱护仪器，节约药品，认真执行赔偿制度；实验完毕要清扫、整理实验室，保持实验室的整洁。

(5) 根据原始记录，综合分析并写出实验报告。报告内容包括实验的目的和要求、简单原理、扼要的实验步骤、实验现象和对现象的解释；对于定量实验，实验报告中还应包括数据记录和结果处理。

(二) 仪器的保管和使用规则

(1) 自己使用的仪器应有秩序地存放在实验仪器柜中，公用的仪器放在实验台的仪器架上，不得放入个人实验仪器柜中。

(2) 每次实验前，根据实际需要取用必要的仪器。仪器损坏时应及时报告指导教师，并填写报损赔偿单。学生可凭指导教师签字的报损赔偿单到实验准备室补领相应仪器。

(3) 贵重、精密的仪器不允许搬动，使用时应严格按照操作规程进行。未弄清用法前不许动手。如有故障必须及时报告。

(4) 任何仪器在使用前须检查是否符合实验要求，用后须整理好，并经指导教师检查验收。

(三) 取用药品的一般规则

(1) 取用药品时应按照实验资料中规定的规格、浓度、分量取用。如没有指明分量，仅写"少许"时，固体用豌豆大小，液体用 3～5 滴。

(2) 使用洁净的药勺取用固体试剂；用滴管取用液体试剂时，不能将滴管倒立，不应把滴管伸入到其他液体中或与接受容器的器壁接触，不得将滴管放在桌上。

(3) 取用不要过量，已取出的药剂不得再倒回原瓶里，以免污染。

(4) 对于定性实验，当用量不需准确时，可以大约估计，一般 20 滴约为 1 mL，如液滴较大时，16 滴约为 1 mL；当要求用量比较准确时，可用普通天平及量筒。

(四) 安全规则

(1) 熟悉实验室的环境，熟悉消防器材的存放地点和使用方法。

(2) 使用易燃、易爆、有毒和有腐蚀性的药品时，必须严格按照实验规定的方法、步骤和注意事项进行操作。

(3) 使用电学仪器时，须在装配完毕经指导教师检查合格后方能接上电源。用后即切断电源，再拆除装配。

(4) 将药品加到容器中时，切勿在容器上俯视；不要俯视加热的液体；加热试管时，不要将试管口对着自己或他人。

(5) 在实验中会产生刺激性、恶臭和有害气体的反应必须在通风橱内进行。

(6) 如遇意外事故，应立即告知指导教师或实验室工作同志，及时采取相应措施。

(五) 注意事项

(1) 实验药品不能拿出实验室，个人食品不能拿进实验室。

(2) 实验室严禁吸烟，严禁嬉戏玩闹。

(3) 熟悉实验室水、电、煤气管道和开关，掌握事故的一般处理方法。

(4) 做规定以外的实验或改变实验方法必须经实验老师同意。

(5) 熟悉实验室安全守则，掌握实验室意外事故处理的方法。

(6) 发生意外事故时必须及时向实验指导老师汇报。

二、化学实验的一般要求

(一) 实验须知

(1) 进实验室之前必须了解实验内容，带好预习报告、记录用笔等。

(2) 必须准时到达实验室，在指导教师还没讲解之前不允许摆弄仪器和药品。

(3) 认真听指导教师讲解，按要求做实验。

(4) 实验中要认真观察，当场记录实验现象和实验数据，不得事后更改。

(5) 实验中的公用仪器必须在规定的地方使用，不要拿到自己的桌面上使用。

(6) 正确处理实验中产生的废物，固体不要倒入下水道，有毒、有害的物质要集中回收，妥善处理。

(7) 实验结束后要把实验仪器复原，对于玻璃仪器要洗净放好，每个人必须把自己的桌面擦干净。

(8) 实验全部完毕后，请实验老师圈阅实验报告，老师同意后方能离开实验室。

(二) 实验预习报告、实验报告

(1) 实验预习报告：写出实验目的及原理、实验步骤。要求只看实验预习报告能做实验，在预习报告中要空出记录现象的地方，以便记录实验现象或实验数据。

(2) 实验报告：写出实验目的及原理、实验方法、实验的数据和现象，科学地处理实验数据，写出数据处理结果和实验结论。如遇实验失败或实验数据误差较大，可在实验讨论中分析原因，论述自己的看法。

(三) 值日生制度

每次实验由课代表安排 4 位(特殊情况可增加)值日生，值日生职责如下：

(1) 监督学生个人桌面的卫生情况，打扫实验室。

(2) 关闭水、电、煤气开关和门窗，待指导教师检查后才能离开实验室。

(四) 实验评分方法

(1) 每次实验采用五级计分制：优、良、中、及格、不及格。

(2) 评分依据：预习报告、实验操作(包括实验结束工作、值日生工作)、实验结果、实验报告等。

(3) 篡改实验数据作为作弊处理，作弊为零分。

(4) 最终的分数由平时分数平均，然后化为百分数给出。

(5) 无故缺席实验，该实验记为零分。

(6) 不管任何理由，做实验次数少于或等于 1/3 者需重修。

(五) 其他

(1) 做实验时必须穿工作服，穿拖鞋者不得进入实验室。

(2) 安排座位，每次实验座位固定。

(3) 爱护公共财产，损坏的仪器应酌情赔偿。

(4) 挑选课代表。课代表职责：安排值日生，收发实验报告，代表班级与老师联系。

第二部分 常用仪器及基本操作

一、仪器认领、洗涤和干燥

(一) 无机化学常用仪器

无机化学实验常用仪器有容器类、量器类、其他类等。其中：

(1) 容器类：用于盛放药品和试液，如试管、烧杯等。

(2) 量器类：用于度量液体体积，如量筒、移液管等。

(3) 其他类：如打孔器、坩埚钳等。

常用仪器介绍见表 2-2。

(二) 仪器的洗涤

1. 水洗

洗涤方法：用毛刷轻轻洗刷，再用自来水荡洗几次。

2. 用去污粉、合成洗涤剂洗

洗涤方法：先用水湿润仪器，用毛刷蘸取去污粉或洗涤剂洗刷，再用自来水冲洗，最后用蒸馏水荡洗 2~3 次。该方法可以洗去油污和有机物。

3. 铬酸洗液清洗

仪器严重沾污或所用仪器内径很小，不宜用刷子刷洗时，可用铬酸洗液(浓 $H_2SO_4 +$ $K_2Cr_2O_7$)洗涤。铬酸饱和溶液具有很强的氧化性，对油污和有机物的去污能力很强。

洗涤方法：

(1) 先刷洗仪器，并将器皿内的水尽可能倒净。

(2) 仪器中加入 1/5 容量的洗液，将仪器倾斜并慢慢转动，使仪器内部全部被洗液湿润，再转动仪器，使洗液在仪器内部流动，转动几周后，将洗液倒回原瓶，再用水清洗。

(3) 洗液可重复使用，多次使用后若变成绿色，则说明洗液失效，不能再继续使用。

(4) 铬酸洗液腐蚀性很强，故洗涤时不能用毛刷蘸取洗液；$Cr(VI)$有毒，不能倒入下水道，可加 $FeSO_4$ 使 $Cr(VI)$ 还原为无毒的 $Cr(III)$ 后再排放。

4. 特殊污物的洗涤

依性质而言，$CaCO_3$ 及 $Fe(OH)_3$ 等可用盐酸洗，MnO_2 可用浓盐酸或草酸溶液洗，硫黄可用煮沸的石灰水洗。

(三) 仪器的干燥方法

仪器干燥可用自然晾干、吹干、烘干、烤干等方式。

自然晾干：该方法比较节约能源，但较耗时。

吹干：该方法可用电吹风进行。

烘干：该方法可使用气流烘干机、烘箱、干燥箱等。

烤干：该方法是将仪器外壁擦干后，再用小火烤干。

另外，还可用有机溶剂法干燥。有机溶剂法干燥的方法是：先用少量丙酮或酒精使内壁均匀湿润一遍倒出，再用少量乙醚使内壁均匀湿润一遍后晾干或吹干。倒出的丙酮、酒精、乙醚等要妥善回收。

(四) 试剂的取用

1. 化学试剂的五种纯度标准

化学试剂纯度标准见表 2-1。

表 2-1　化学试剂的纯度标准

级　别	色谱纯	分析纯	化学纯	实验试剂	生物试剂
英文缩写	GR	AR	CP	LR	BR
瓶签颜色	绿	红	蓝	棕或黄	黄或其他

2. 试剂瓶的种类

(1) 细口瓶：用于保存试剂溶液，有无色和棕色两种。

(2) 广口瓶：用于盛装少量固体试剂。

(3) 滴瓶：用于盛放逐滴滴加的试剂，有无色和棕色两种。

(4) 洗瓶：洗瓶内盛放蒸馏水，一般为塑料瓶。

3. 试剂瓶塞子打开的方法

(1) 打开固体试剂瓶上的软木塞的方法：手持瓶子，使瓶斜放在实验台上，然后用锥子斜着插入软木塞将其取出。

(2) 盛盐酸、硫酸、硝酸的试剂多用塑料塞或玻璃塞，可用手拧开或拔出塞子。

(3) 细口瓶上的玻璃塞若打不开时可轻轻磕敲。

4. 试剂的取用方法

1) 固体试剂的取用

(1) 粉末状的固体用干燥、洁净的药匙取用，专匙专用，用后擦干净。试剂用药匙直接送入试管或用纸条送入试管。

(2) 取用固体药品时要用镊子，将试管倾斜，将固体药品放入试管口，然后把试管缓缓地直立起来

(3) 需称量一定质量的固体时，可把固体放在干燥的纸上称量，具有腐蚀性或易潮解的固体应放在烧杯或表面皿上称量。

(4) 有毒药品的取用。取用有毒药品时不能用手直接接触药品；不要把鼻孔凑到容器口闻药品的气味，要用手扇少量气体入鼻；不得品尝药品的味道。

2) 液体试剂的取用

(1) 从滴瓶中取液体的方法：应将滴管中胶头内的空气排净再将其伸入试剂瓶中，滴管口不能伸入所用的容器中。

(2) 从细口瓶中取出液体试剂用倾注法。

(3) 液体试剂量的估计：在没有标明取用量时，液体试剂一般取用 1～2 mL，可用滴管按 1 mL 约 20 滴加入。

(4) 定量取用液体时，可用量筒或移液管。

二、常用仪器

化学试验中的器具很多，表 2-2 列出了常用的一些器具的规格、一般用途及使用时的注意事项。

表 2-2　化学实验常用仪器

名称和图示	规　格	一　般　用　途	注　意　事　项
试管，离心管 	容量 5 mL、10 mL、20 mL 等，分硬质、软质试管	反应仪器，便于操作、观察。用药量少时使用	硬质玻璃试管可直接在火焰上加热，但不能骤冷；软质玻璃试管只能水浴加热
试管架 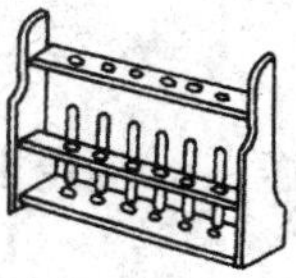	有不同的形状和大小，有木质和铝质	用于放置试管	加热后的试管应用试管夹夹住悬放在试管架上
试管夹 	有木质、竹质及金属丝制品	用于夹持试管	防止烧损和腐蚀
烧杯 	以容积表示，如 50 mL、100 mL、250 mL、500 mL、1000 mL 等	反应仪器，反应物较多时用之配制溶液	加热时应置于石棉网上，使其受热均匀，一般不可烧干
锥形瓶 	以容积表示，如 150 mL、250 mL、500 mL	反应仪器，摇荡比较方便，适用于滴定操作	加热时应置于石棉网上，使其受热均匀，一般不可烧干

名称和图示	规 格	一 般 用 途	注 意 事 项
量筒 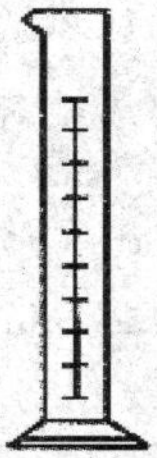	以所能量度的最大容积表示，10 mL、50 mL、100 mL、500 mL、1000 mL、2000 mL	用于粗略地量取一定体积的液体	不能加热，不能作反应容器，也不能在烘箱中烘烤。操作时要沿壁加入或倒出溶液，量度体积时以液面弯月形最低点为准
漏斗 	三角漏斗，分液漏斗、布氏漏斗	三角漏斗用于普通过滤；分液漏斗常用于液体的萃取、洗涤和分离；布氏漏斗在减压抽滤时使用	不可直火加热
表面皿	以直径表示，如45 mm、60 mm、90 mm、100 mm、120 mm	盖烧杯及漏斗	不可直火加热，直径要略大于所盖容器
试剂瓶 	容量分别有30 mL、60 mL、125 mL、250 mL、500 mL、1000 mL、5000 mL、10 000 mL 无色和棕色	细口瓶用于存放液体试剂；广口瓶用于盛放固体试剂；棕色瓶用于存放见光易分解的试剂	不能加热；不能在瓶内配制在操作过程中会释放大量热量的溶液；磨口塞要保持原配；装碱液的瓶子应使用皮塞，以免日久打不开
滴瓶 	容量分别有30 mL、60 mL、125 mL 无色和棕色	盛放需滴加的试剂	同上
蒸发皿 	以口径或容积大小表示，一般用陶瓷、石英、铂等制作	用于蒸发液体。随液体性质不同可选用不同质地的蒸发皿	耐高温，但不宜骤冷，蒸发溶液时，一般放在石棉网上加热

名称和图示	规 格	一 般 用 途	注 意 事 项
称量瓶 	以外径(mm)×高(mm)表示，分矮形和高形两种	矮形用作测定水分或在烘箱中烘干标准物；高形用于称量标准物、样品	不能直接加热；不可盖紧磨口塞烘烤，磨口塞要原配
石棉网 	由铁丝编成，中间涂有石棉，有大、小之分	石棉是一种不良导体，它能使受热物体受热均匀，不致造成局部高温	不能与水接触，以免石棉脱落或铁丝生锈
试管刷 	小，中，大，加大	洗涤试管及其他仪器	洗涤试管时，要把前部的毛捏住放入试管内，以免铁丝顶端将试管底戳破
药勺 	一般由牛角、瓷、骨、塑料制成，现在多数是塑料的	用于取固体试剂，取少量固体用小的一端	取用一种药品后，必须洗净并用碎滤纸片擦干后，才能取用另一种药品
研钵 	以口径大小表示，一般用陶瓷、玻璃、玛瑙等制作	用于研磨固体物质，按固体的性质和硬度选用不同的研钵	不能用火直接加热；不能作反应仪器用；只能研磨，不能敲击
铁架台，铁环(圈) 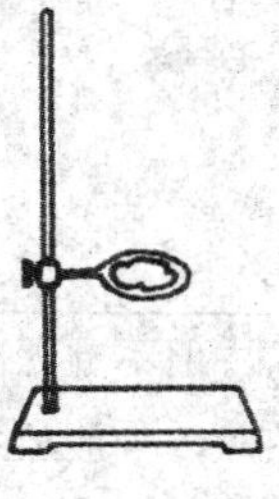	铁制品	用于固定或放置反应容器，铁环还可以代替漏斗板使用	加热后的铁环不能撞击或摔落在地

名称和图示	规 格	一 般 用 途	注 意 事 项
吸管 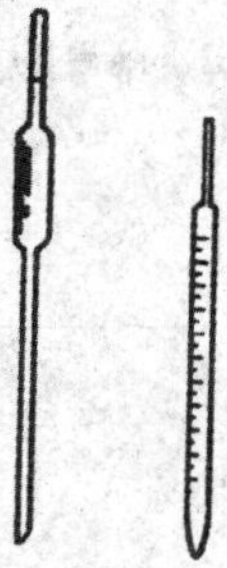	以刻度最大标度表示,分刻度管形和单刻度胖肚形两种,有 1 mL、2 mL、5 mL、10 mL、25 mL、50 mL 等	用于精确移取一定体积的液体	使用时先用少量所移取的液体淋洗三次,一般移液管残留最后一滴液体不吹出
容量瓶 	以刻度以下的容积表示,有 10 mL、25 mL、50 mL、100 mL、250 mL、500 mL、1000 mL 等	用于配制准确浓度的溶液	不能加热,不能代替试剂瓶存放液体
泥三角 	铁丝弯成,套有瓷管。有大小之分	用于架放坩埚	灼烧后小心取下,不要摔落
坩埚 	以容积表示,一般用陶瓷、石英、镍或铂等制成	用于灼烧固体	灼烧后的坩埚不要直接放在桌子上
坩埚钳 	铜或铁制品	用于夹取坩埚	夹取时应预热坩埚钳

名称和图示	规 格	一 般 用 途	注 意 事 项
洗气瓶 	按容积表示	用于净化气体，反接也可用作安全瓶	洗涤液注入高度的 1/3，不得超过 1/2
水浴锅 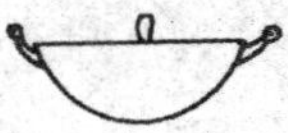	铜或铝制品	用于间接加热或控温实验	不能烧干锅
三脚架 	铁制品，有大小、高低之分	用于放置较大或较重的反应器	下面灯焰的位置要合适
抽滤瓶，布氏漏斗 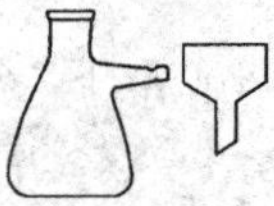	抽滤瓶以容积表示；布氏漏斗为瓷质，以容量或口径表示	两者配套使用于无机制备中晶体或沉淀的减压过滤	滤纸要小于漏斗内径，但要把滤孔完全盖住
分液漏斗 	以容积大小和形状表示	① 用于互不相溶的液—液分离 ② 在气体发生器装置中用于加液体	不能用火直接加热。磨口的漏斗塞子不能互换，活栓处不能漏液
烧瓶 	以容积表示，分硬质、软质，有平底、圆底、长径、厚口等	① 用作反应物多且需长时间加热时的反应器 ② 液体蒸馏，少量气体发生装置	盛放液体不得超过容积的 2/3，加热时应放在石棉网上

三、分析天平简介

(一) 双盘电光天平的构造

下面以半机械加码电光天平为例，介绍分析天平的构造。电光天平是由天平箱、天平梁、天平柱、砝码、机械加码装置和光学读数系统等六大部分组成(见图 2-1)。

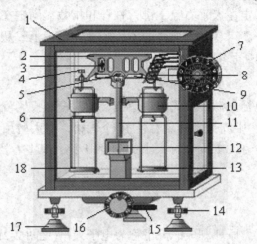

1—天平箱；2—横梁；3—平衡螺丝；4—吊耳；5—支点刀；6—指针；7—指数盘；
8—圈码；9—托叶；10—空气阻尼器；11—天平柱；12—投影屏；13—砝码盘；
14—平衡调节螺丝；15—微调零拨杆；16—升降枢纽；17—垫脚；18—药品盘

图 2-1 半机械加码电光天平

1. 天平梁

天平梁是由铝合金制成的，包括天平横梁、三棱体、平衡调节螺丝、重心调节螺丝、指针、吊耳和药品盘等七个部件。

2. 天平柱

天平柱部分包括天平柱、空气阻尼器、托叶、升降枢纽、升降枢纽基件和气泡水平仪等六个部件。

3. 砝码

每台分析天平都附有一盒砝码。每盒装有 9 个砝码，一种是 5221 制，即砝码的质量分别为 100g、50g、20g、20g、10g、5g、2g、2g、1g；另一种是 5211 制，即砝码的质量分别为 100g、50g、20g、10g、10g、5g、2g、1g、1g。质量相同的砝码刻有标志，以示区别。砝码盒内装有一把镊子，用于夹取砝码。使用砝码时，切不可用手直接去拿砝码，以免沾污或锈蚀。

4. 机械加码装置

机械加码装置是由骑放圈码的横杆、控制圈码升降的杠杆和连接杠杆的指数盘三部分构成。一般是将横杆固定在天平右盘上部，杠杆和指数盘固定在天平箱的右侧。转动指数盘时，它所连接的杠杆就可将某一质量的圈码骑放在横杆上或从横杆上钩起，通过指数盘上的数字，便可以读出所加圈码的重量。

5. 光学读数系统

天平的光学系统包括光源、聚光镜、透镜、反射镜和投影屏。在指针下端的微分刻度标尺上刻有 20 个大格，中间为零，左右各 10 个大格，每大格相当于 1mg；每大格又分为 10 个小格，每小格相当于 0.1mg。标尺上的刻度很小，通过光学系统放大后投影在投影屏上才能看清。

(二) 电子天平

利用电磁力平衡重力原理制成的天平称为电子天平(见图 2-2)。

图 2-2　电子天平

电子天平的特点是称量准确可靠，显示快速清晰，具有全自动故障诊断系统、简便的内置砝码自动校准装置、动态温度补偿以及超载保护装置等。电子天平中还装有记数称量、动物称重、百分比称重、净重求和以及单位换算等多种应用程序。塞多利斯 BP 系列电子天平还具有内置 RS232 标准接口，可连接打印机、电脑等，可直接得到符合 ISO 和 GLP 国际标准的技术报告。电子天平操作简单，使用方便，只要按一下"校正"键，天平即恢复到零，接着便可以进行称量，所称样品的量可直接从显示器上读出。

电子天平按其精度可分为超微量电子天平、微量电子天平、半微量电子天平、常量电子天平、精密电子天平等。微量电子天平、半微量电子天平、常量电子天平又统称为电子分析天平，是化学分析实验中常用的电子天平。这些电子天平的最大载重量一般为几克、几十克或几百克(一般为 $100 \sim 200\,\mathrm{g}$)，最小分度值为 $0.01 \sim 1\,\mathrm{mg}$。

(三) 称量的一般程序和方法

1. 称量的一般程序

分析天平为精密仪器，使用时一定要认真、细致。称量时按下列程序操作：

(1) 一般检查。

① 取下天平罩，叠好，放在天平的顶部。

② 天平是否处于水平状态。

③ 称盘是否干净，是否空载。若称盘上有污物，用天平箱内的小刷子轻轻扫干净。

④ 检查所有圈码是否挂好，各部件是否都处于相应的位置。

⑤ 检查电源是否接触良好。如果发现问题，必须及时报告指导教师。

(2) 零点检查。

启动天平，待天平达到平衡后，观察标尺上的"0"刻线是否与投影屏上的标线相重合。若不重合但相差不远，可调节调零拨杆，使之重合；若相差较远，需关闭天平后调节平衡螺丝。

(3) 粗称。对于初学者来说，为了减少分析天平的磨损和加快称量速度，在用分析天平称量以前，需要粗称被称物的重量，即用托盘天平(台秤)把被称物的大概重量称出来。

(4) 精确称量。将经过粗称的被称物放于分析天平的秤盘上，加上与它的粗称重量相等的砝码，启动天平，通过加减砝码达到称量平衡。

(5) 读数。达到称量平衡后，投影屏上的标尺不再移动。将砝码重量、圈码指数盘上指示的重量和标尺上与投影屏上标线重合的重量加在一起，即为被称物的重量。平衡点有时候是负值，这时就要从砝码和圈码的和中减去标尺上的读数。仔细核对，切勿记错。

(6) 天平复原。称量完毕，取出被称物，将砝码放回原处，圈码指数盘恢复到零，切断电源，罩好天平罩。

2. 称量方法

常用的称量方法有两种：直接称量法和差减称量法。

1) 直接称量法

用直接称量法称量物品前，必须校正天平的零点。通过调节平衡螺丝和调零拨杆，使标尺上的"0"刻度正好与投影屏上的标线重合。然后，将被称物(如小烧杯)放在称盘的中央，另一称盘加砝码。用手拿被称物时，要垫上滤纸条或戴上细纱手套，不可直接用手接触被称物，以免影响它的重量。加减砝码的原则是"由大到小，折半加入"，即增减砝码的重量是以已加砝码的重量的一半为准，这样可提高称量速度。如加上 20 g 砝码，发现重了，则将 20 g 砝码取出，加上 10 g 的砝码，如果还重，则取下 10 g 砝码，加上 5 g 砝码，如果 5 g 的砝码轻了，那么，正确的重量应在 5～10 g 之内。这样依次调整砝码，直至天平出现平衡点，记下该物品的重量。直接称量法适合于称量器皿及在空气中性质稳定、不吸湿的试样，如金属、矿石等。

2) 差减称量法

差减称量法的操作步骤如下：

(1) 取一个称量瓶，洗净、干燥，加入一定量的样品。

(2) 用滤纸条套住一个已加样的称量瓶，先放在台秤上粗称，再放在分析天平的秤盘上，称出此重量 m_1；然后取出该称量瓶，移至一小烧杯的上方，一只手垫着洁净的滤纸条拿住瓶身，另一只手垫着一片滤纸捏住瓶盖(注意：手勿直接接触称量瓶，以免手上的汗渍沾污它)，瓶身倾斜，用瓶盖轻敲瓶口的上部，使试样慢慢震落在烧杯内，如图 2-3 所示。

图 2-3　差减称量法示意图

当倾出的样品已接近所需的量时，慢慢将称量瓶直起，边直起边用瓶盖轻敲瓶口的上部。这些动作都要在烧杯口的正上方完成，使瓶口沾有的样品或者落入烧杯内，或者落回称量瓶内，不可撒落在外面。

(3) 倾出一部分样品后，再将称量瓶放回分析天平的秤盘上(注意将瓶盖盖上)，称出此时的重量 m_2。倾出样品的重量为 $m_1 - m_2$。

如果一次倾出样品的量少于需要的量，可以重复上述过程。这种方法的优点是可以连续称出多份样品。差减称量法适合于称量易吸水、易氧化或易与 CO_2 反应的试样。

(四) 使用分析天平时的注意事项

(1) 分析天平应放置在稳定的工作台上，避免震动、气流及阳光直射。

(2) 使用前天平必须处于水平状态，调节水平仪使气泡至中间位置。

(3) 称量前，检查以下几点：

① 天平是否清洁，必要时用软毛刷清扫；

② 天平是否水平；

③ 校正天平的零点。

(4) 称量时要特别注意保护玛瑙刀口。开关升降枢纽应缓慢，轻开轻关，不得使天平剧烈震动。取放称物、加减砝码时，都必须关闭天平，以免损坏刀口。

(5) 称量时应关好天平箱两边的侧门。前门主要供装调、清洁天平时用，不得随意打开。试剂和试样不得直接放在托盘上，必须盛在干净的容器中。对于吸湿性物质或具有腐蚀性的物质，必须放在称量瓶或其他适当的密闭容器中称量。

(6) 取放砝码必须用镊子夹取，严禁用手直接接触，以免沾污。砝码要由大到小逐一取放在托盘上，大砝码应放置于盘的中央以防盘的摆动。砝码用完后要放回盒内的固定位置，不允许乱放或留存桌上。电光天平用指数盘加码时，也应慢慢地加，防止圈码跳落、互撞。

(7) 称量物的温度必须与天平箱内温度一致。不得把热或冷的物体放进天平称重，应预先将称物放在天平附近的干燥器内(应定期更换干燥剂)。在天平箱内应放置吸湿干燥剂(亦应定期更换)。

(8) 绝对不可使天平载重超过最大载重量。在同一实验中，应使用同一架天平和同一盒砝码。

(9) 称量的数据应立即写在记录本上，数字要清晰准确，不能记在纸片上或其他地方，以防丢失。

(10) 称量完毕，关闭天平，取出称物和砝码，将砝码指数盘恢复到零。经指导教师检查签字后方可离开实验室。

四、滴定分析所需的主要仪器及基本操作

滴定分析又称容量分析。规范地使用容量器皿及准确测量溶液的体积，是保证良好分析结果的重要因素。现将滴定分析常用器皿(滴定管、容量瓶、移液管等)及其基本操作方法介绍如下。

(一) 移液管和吸量管

移液管是中间有膨大部分(称为球部)的玻璃管，用来准确移取一定体积的溶液。在标明的温度下，先使溶液的弯月面下缘与移液管标线相切，再让溶液按一定方法自由流出，则流出的溶液的体积与管上所标明的体积相同。吸量管是具有分刻度的玻璃管，一般只用于量取小体积的溶液。吸量管上带有分度，可以用来吸取不同体积的溶液，但用吸量管吸取溶液的准确度不如移液管。

移液管和吸量管的基本操作如下。

1. 洗涤

使用前，移液管和吸量管都必须洗净，使整个内壁和下部的外壁不挂水珠，为此，可先用自来水冲洗一次，再用铬酸洗液洗涤。

洗涤方法：

(1) 以左手持洗耳球，将食指或拇指放在洗耳球的上方，右手拇指和中指拿住移液管或吸量管标线以上的地方，无名指和小拇指辅助拿住移液管或吸量管，将洗耳球对准移液管口。管尖贴在吸水纸上，用洗耳球打气，吹去残留水。

(2) 排除洗耳球中的空气，将移液管插入洗液瓶中，吸取洗液至移液管球部或吸量管全身的 1/4 处。

(3) 移开洗耳球，与此同时，用右手食指按住管口，把管横过来，左手扶住管的下端，慢慢开启右手食指，一边转动移液管，一边使管口降低，让洗液布满全管。

(4) 洗液从上口放回原瓶，然后用自来水充分冲洗，再用洗耳球吸取蒸馏水，将整个内壁洗三次，洗涤方法同前，但洗过的水应从管尖放出。移液管每次用水量以液面上升到球部或吸量管全长约 1/4 为度。

也可用洗瓶从上口进行吹洗，最后用洗瓶吹洗管的下部外壁。

2. 润洗

移取溶液前，必须用吸水纸将尖端内外的水除去，然后用待吸溶液洗三次。方法同前述洗涤方法，但用过的溶液应从下口放出弃去。

3. 移取溶液

用移液管移取溶液的方法如下：

(1) 将移液管直接插入待吸溶液液面下 1~2 cm 深处，不要伸入太浅，以免液面下降后造成吸空；也不要伸入太深，以免移液管外壁附有过多的溶液。移液时将洗耳球紧接在移液管口上，并注意容器液面和移液管尖的位置，应使移液管随液面下降而下降，当液面上升至标线以上时，迅速移去洗耳球，并用右手食指按住管口，左手改拿盛待吸液的容器。

(2) 将移液管向上提，使其离开液面，并将管的下部伸入溶液的部分沿待吸液容器(不是盛待吸液的容器)内壁转两圈，以除去管外壁上的溶液。

(3) 使容器倾斜成约 45°，其内壁与移液管尖紧贴，移液管垂直，此时微微松动右手食指，使液面缓慢下降，直到视线平视时弯月面与标线相切时，立即按紧食指。

(4) 左手改拿接受溶液的容器。将接受容器倾斜，使内壁紧贴移液管尖成 45° 倾斜。

(5) 松开右手食指，使溶液自由地沿壁流下(图 2-4)。待液面下降到管尖后，再等 15 秒左右移出移液管。

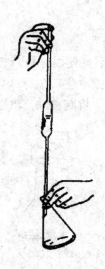

图 2-4 从移液管放出液体

注意，除非特别注明需要"吹"的以外，管尖最后留有的少量溶液不能吹入接收器中，因为在测定移液管体积时，就没有把这部分溶液算进去。

用吸量管吸取溶液时，吸取溶液和调节液面至最上端标线的操作与移液管相同。放溶液时，用食指控制管口，使液面慢慢下降至与所需的刻度相切时按住管口，移去接受器。若吸量管的分度刻到管尖，管上标有"吹"字，并且需要从最上面的标线放至管尖时，则在溶液流到管尖后，立即从管口轻轻吹一下即可。还有一种吸量管，分度刻在离管尖尚差1～2cm 处。使用这种吸量管时，应注意不要使液面降到刻度以下。在同一实验中应尽可能使用同一根吸量管的同一段，并且尽可能使用上面部分，而不用末端收缩部分。

移液管和吸量管用完后应放在移液管架上。如短时间内不再用它吸取同一溶液时，应立即用自来水冲洗，再用蒸馏水清洗，然后放在移液管架上。

(二) 容量瓶

一般的容量瓶都是"量入"式的，瓶上标有"E"字样，用于配制一定体积的溶液。在标明的温度下，当液体充满到标线时，瓶内液体的体积恰好与瓶上标出的容积相同。另一种"量出"式的容量瓶，上面标有"A"或"Ex"字样，当液体充满到标线后，按一定方法倒出溶液，其体积与瓶上标明的容积相同。容量瓶用于配制标准溶液和试液。一般应使用量入式的容量瓶才能适于精确的分析工作。为了正确使用容量瓶，必须明确下面几点：

1. 容量瓶使用前检查

使用容量瓶前应先检查以下两点：

(1) 瓶塞是否漏水，如果漏水则不宜使用。检查方法：加自来水至标线附近，盖好瓶塞后，一手用食指按住塞子，其余手指拿住瓶颈标线以上部分，另一手用指尖托住瓶底边缘(见图 2-5)，倒立两分钟。如不漏水，将瓶直立，将瓶塞旋转 180° 后，再倒过来试一次。

图 2-5　检查漏水和混匀溶液操作

在使用容量瓶的过程中，不可将扁头的玻璃磨口塞放在桌面上，以免沾污和搞错。操作时，可用一手的食指及中指(或中指及无名指)夹住瓶塞的扁头，当操作结束时，随手将瓶盖盖上。也可用橡皮圈或细绳将瓶塞系在瓶颈上，细绳应稍短于瓶颈。操作时，瓶塞系在瓶颈上，尽量不要碰到瓶颈，操作结束后立即将瓶塞盖好。在后一种做法中，特别要注意避免瓶颈外壁对瓶塞的沾污。如果是平顶的塑料盖子，则可将盖子倒放在桌面上。

(2) 标线位置距离瓶口是否太近，如果标线距离瓶口太近，则不宜使用。

2. 容量瓶的洗涤

洗涤容量瓶时，先用自来水洗几次，倒出水后，内壁如不挂水珠，即可用蒸馏水洗好备用；否则就必须用洗液洗涤。

用洗液洗涤容量瓶的方法如下：

(1) 先尽量倒去瓶内残留的水，再倒入适量洗液(250 mL 容量瓶，倒入 10～20 mL 洗液已足够)，倾斜转动容量瓶，使洗液布满内壁，同时将洗液慢慢倒回原瓶。

(2) 用自来水充分洗涤容量瓶及瓶塞，每次洗涤应充分震荡，并尽量使残留的水流尽。

(3) 用蒸馏水洗三次。应根据容量瓶的大小决定用水量，如 250 mL 容量瓶，第一次约用 30 mL 蒸馏水，第二、第三次约用 20 mL 蒸馏水。

3. 配制溶液

用容量瓶配制溶液的方法如下：

(1) 将待溶固体称出置于小烧杯中，加水或其他溶剂将固体溶解，然后将溶液定量转移入容量瓶中。定量转移时，烧杯口应紧靠伸入容量瓶的搅拌棒(其上部不要碰瓶口，下端靠着瓶颈内壁)，使溶液沿玻璃棒和内壁流入(见图2-6)。

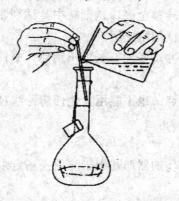

图 2-6 转移溶液操作

(2) 溶液全部转移后，将玻璃棒和烧杯稍微向上提起，同时使烧杯直立，再将玻璃棒放回烧杯(注意勿使溶液流至烧杯外壁而受损失)。

(3) 用洗瓶吹洗玻璃棒和烧杯内壁，如前述方法将洗涤液转移至容量瓶中，如此重复多次，完成定量转移。

(4) 当加水至容量瓶的四分之二左右时，用右手食指和中指夹住瓶塞的扁头，将容量瓶拿起，按水平方向旋转几周，使溶液大体混匀。

(5) 继续加水至距离标线约 1 cm 处，等待 1~2 分钟，使附在瓶颈内壁的溶液流下后，再用细而长的滴管加水(注意勿使滴管接触溶液)至弯月面下缘与标线相切(也可用洗瓶加水至标线)。无论溶液有无颜色，一律按照这个标准。即使溶液颜色比较深，但最后所加的水位于溶液最上层，而尚未与有色溶液混匀，所以弯月下缘仍然非常清楚，不会有碍观察。

(6) 盖上干的瓶塞，用一只手的食指按住瓶塞上部，其余四指拿住瓶颈标线以上部分，用另一只手的指尖托住瓶底边缘，如图 2-5 所示，将容量瓶倒转，使气泡上升到顶。此时，将容量瓶震荡数次，正立后，再次倒转过来进行震荡。如此反复多次，将溶液混匀。

(7) 最后放正容量瓶，打开瓶塞，使瓶塞周围的溶液流下，重新塞好塞子后，再倒转震荡 1~2 次，使溶液全部混匀。

4. 稀释溶液

若用容量瓶稀释溶液，则用移液管移取一定体积的溶液，放入容量瓶后，稀释至标线，混匀。

5. 保存溶液

配好的溶液如需保存，应转移至磨口试剂瓶中。试剂瓶要用此溶液润洗三次，以免将溶液稀释。不要将容量瓶当做试剂瓶使用。

容量瓶用毕后应立即用水冲洗干净。长期不用时，磨口处应洗净擦干，并用纸片将磨口隔开。

容量瓶不得放在烘箱中烘烤，也不能用其他任何方法对其进行加热。

(三) 滴定管

滴定管是用来进行滴定操作的器皿，用于测量在滴定中所用标准溶液的体积。

1. 形状与分类

滴定管是一种细长、内径大小比较均匀而具有刻度的玻璃管，管的下端有玻璃尖嘴。

有 25 mL、50 mL 等不同的容积。常用滴定管一般分为两种，一种是酸式滴定管，另一种是碱式滴定管，如图 2-7 所示。

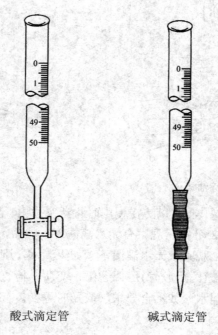

酸式滴定管　　　　　　　碱式滴定管

图 2-7　滴定管

酸式滴定管的下端有玻璃活塞，可盛放酸液及氧化剂，不能盛放碱液，因为碱液常使活塞与活塞套黏合，难于转动。

碱式滴定管的下端连接一橡皮管，内放一玻璃珠，以控制溶液的流出，下面再连一尖嘴玻管，这种滴定管可盛放碱液，而不能盛放酸或氧化剂等腐蚀橡皮的溶液。

2. 滴定管的准备

1) 涂油及试漏

酸式滴定管在使用前需进行活塞涂油，其目的有两个：一是防止溶液自活塞漏出；二是可以使活塞转动自如，便于调节转动角度以控制溶液的滴出量。

给滴定管涂油时，先将已洗净的滴定管活塞拔出，用滤纸将活塞及活塞套擦干，在活塞粗端和活塞套的细端分别涂一薄层凡士林，把活塞插入活塞套内，朝同一方向转动数次，直到在外面观察时呈透明即可，如图 2-8、图 2-9 所示。亦可在玻璃活塞的两端涂上一薄层凡士林，朝同一方向转动活塞数次直至透明为止。

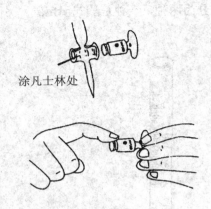

涂凡士林处

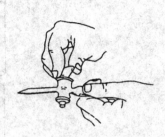

图 2-8 旋塞涂油   图 2-9 插入旋塞

在活塞末端需要套一橡皮圈，以防在使用时将活塞顶出。滴定管涂好油后装入蒸馏水，置于滴定管架上直立静置 2 分钟，观察有无水滴漏下。然后，将活塞旋转 180°，再在滴定管架上直立静置 2 分钟，观察有无水滴漏下。如果漏水，则应重新进行涂油操作。

碱式滴定管应检查橡皮(医用胶管)是否老化、变质，检查玻璃珠是否适当，玻璃珠过大则不便操作，过小则会漏水。如不合要求，应及时更换。

2) 洗涤

对于已检查不漏水的滴定管，应根据沾污程度，采用下列几种清洗方法洗涤：

(1) 无明显油污的滴定管，可直接用自来水冲洗，再用滴定管刷刷洗，但铁丝部分不得碰到管壁(如果用泡沫塑料刷代替更好)。

(2) 在前面方法不能洗净时，可用铬酸洗液(称取 10 g 工业用 K_2CrO_7 粉末于烧杯中，加入 30 mL 热水溶解，冷却，一面搅拌一面缓缓加入 170 mL 工业用浓硫酸，溶液呈暗褐色，贮于玻璃瓶中)洗涤。在酸式滴定管中加入 5～10 mL 洗液，通过两手使酸式滴定管边转动、边放平，直至洗液布满全管。碱式滴定管则应先将橡皮管卸下，用塑料乳头堵住碱管下口，然后再倒入洗液进行洗涤。

(3) 对于污染严重的滴定管，可将其放在洗涤容器中，倒入铬酸洗液浸泡几小时(注意：用过的洗液仍倒入原贮存瓶中，可继续使用，直至变绿失效，千万不可直接倒入水池)。

滴定管中附着的洗液用自来水冲洗干净，最后用少量蒸馏水润洗至少三次，对于 50 mL 滴定管，每次用 10～15 mL 蒸馏水。润洗滴定管时必须将管子倾斜转动，让水润湿整个管内壁，然后由下端管尖放出。洗净的滴定管内壁应为完全被水均匀润湿而不挂水珠。

3. 操作溶液的装入

1) 装液

转移溶液时，用左手前三指持滴定管上部无刻度处，并应稍微倾斜，以便转移溶液，右手拿住试剂瓶，向滴定管中倒入溶液。

在正式装入操作溶液时，为了保证装入滴定管溶液的浓度不被稀释，应先用操作溶液润洗滴定管内壁三次，操作同前。第一次用 10 mL 左右操作液润洗，润洗时，打开出口活塞，冲洗管身，使操作液洗遍全部内壁，然后打开出口活塞，冲洗出口，尽量放出残液。随后用 5～10 mL 操作液重复润洗两次。对于碱管，应特别注意玻璃珠下方的洗涤。最后，关好活塞，将待装溶液倒入，直至充满 0 刻度以上为止。装溶液时要直接从试剂瓶倒入滴定管，不要再经过漏斗等其他容器。

2) 排气

滴定管充满操作液后，应检查管的出口下部尖嘴部分是否充满溶液，是否留有气泡。

酸管的气泡一般容易看出来，当有气泡时，右手拿滴定管上部无刻度处，并使滴定管倾斜 30°，左手迅速打开活塞，使溶液冲出管口，反复数次冲出溶液于管口，这样一般可达到排除酸管出口气泡的目的。

碱管的气泡往往在医用胶管内和出口处存留，医用胶管内的气泡在对光检查时容易看出。为了排除碱管中的气泡，可将碱管垂直地夹在滴定管架上，左手拇指和食指捏住玻璃珠部位，使医用胶管向上弯曲翘起，并捏挤医用胶管，使溶液从管口喷出，即可排除气泡，如图 2-10 所示。

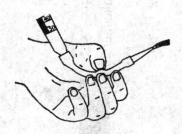

图 2-10 碱式管排除气泡

3) 滴定管的读数

滴定管读数时应遵循下列原则：

(1) 装满或放出溶液后，必须等 1～2 分钟，使附着在内壁的溶液流下来，再进行读数。如果放出溶液的速度较慢(例如，滴定到最后阶段，每次只加半滴溶液时)，等 0.5～1 分钟即可读数。每次读数前要检查一下管壁是否挂水珠，管尖是否有气泡。

(2) 读数时，滴定管可以夹在滴定管架上，也可以用手拿滴定管上部无刻度处。不管用哪一种方法读数，均应使滴定管保持垂直。

(3) 对于无色或浅色溶液，应读取弯月面下缘最低点，读数时，视线在弯月面下缘最低点处，且与液面成水平(见图 2-11)。

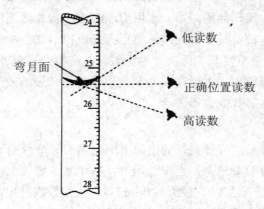

图 2-11　滴定管读数

溶液颜色太深时，可读液面两侧的最高点(见图 2-12)。此时，视线应与该点成水平。注意初读数与终读数采用同一标准。

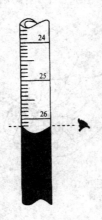

图 2-12　深色溶液的读数

(4) 必须读到小数点后第二位，即要求估计到 0.01 mL。注意，估计读数时，应该考虑到刻度线本身的宽度。

(5) 为了便于读数，可在滴定管后衬一黑白两色的读数卡。读数时，将读数卡衬在滴定管背后，使黑色部分在弯月面下约 1 mm 处，弯月面的反射层即全部成为黑色(见图 2-13(a))。读此黑色弯月下缘的最低点。但对深色溶液则需读两侧最高点，此时可以用白色卡为背景(见图 2-13(b))。

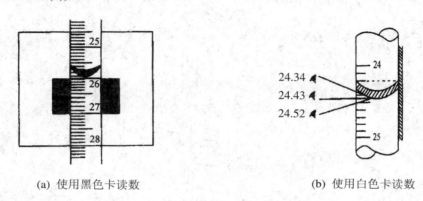

(a) 使用黑色卡读数　　　　　　　　　　(b) 使用白色卡读数

图 2-13　衬托读数

(6) 若为乳白板蓝线衬背("蓝带")滴定管，应当取蓝线上下两尖端相对点的位置读数(见图 2-14)。

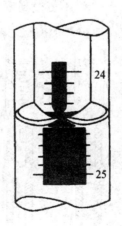

图 2-14　"蓝带"滴定管的读数(正确读数是 24.43)

(7) 读取初读数前，应将管尖悬挂着的溶液除去。滴定至终点时应立即关闭活塞，并注意不要使滴定管中的溶液有稍许流出，否则终读数便包括流出的半滴液。因此，在读取终读数前，应注意检查出口管尖是否悬挂溶液，如有，则此次读数不能取用。

4. 滴定管的操作方法

进行滴定时，应将滴定管垂直地夹在滴定管架上。如使用的是酸管，左手无名指和小手指向手心弯曲，轻轻地贴着出口管，用其余三指控制活塞的转动(见图 2-15)。但应注意不要向外拉活塞以免推出活塞造成漏水；也不要过分往里扣，以免造成活塞转动困难，不能操作自如。

图 2-15　酸式滴定管的操作

如使用的是碱管，左手无名指及小手指夹住出口管，拇指与食指在玻璃珠所在部位往一旁(左右均可)捏乳胶管，使溶液从玻璃珠旁空隙处流出(见图 2-16)。注意：① 不要用力捏玻璃珠，也不能使玻璃珠上下移动；② 不要捏到玻璃珠下部的乳胶管；③ 停止滴定时，应先松开拇指和食指，最后再松开无名指和小指。

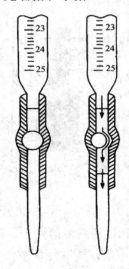

图 2-16　碱式滴定管的操作

无论使用哪种滴定管，都必须掌握下面三种加液方法：① 逐滴连续滴加；② 只加一滴；③ 使液滴悬而未落，即加半滴。

5. 滴定操作

滴定操作可在锥形瓶和烧杯内进行，并以白瓷板作背景。

在锥形瓶中滴定时，用右手前三指拿住锥形瓶瓶颈，使瓶底离瓷板约 2～3 cm。同时调节滴管的高度，使滴定管的下端伸入瓶口约 1 cm。左手按前述方法滴加溶液，右手运用腕力摇动锥形瓶，边滴加溶液边摇动(见图 2-17)。

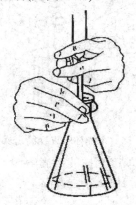

图 2-17　两手滴定操作姿势

在锥形瓶中滴定时，应注意以下几点：

(1) 摇瓶时，应使溶液向同一方向作圆周运动(左右旋转均可)，但勿使瓶口接触滴定管，溶液也不得溅出。

(2) 滴定时，左手不能离开活塞任其自流。

(3) 注意观察溶液落点周围溶液颜色的变化。

(4) 开始时，应边摇边滴，滴定速度可稍快，但不能流成"水线"。接近终点时，应改为加一滴，摇几下。最后，每加半滴溶液就摇动锥形瓶，直至溶液出现明显的颜色变化。

加半滴溶液的方法如下：用酸式滴定管滴加半滴溶液时，微微转动活塞，使溶液悬挂在出口管嘴上，形成半滴，用锥形瓶内壁将其沾落，再用洗瓶以少量蒸馏水吹洗瓶壁；用碱式滴定管滴加半滴溶液时，应先松开拇指和食指，将悬挂的半滴溶液沾在锥形瓶内壁上，再放开无名指与小指。这样可以避免出口管尖出现气泡，使读数造成误差。

(5) 每次滴定最好都从 0.00 开始(或从零附近的某一固定刻度线开始)，这样可以减小误差。

在烧杯中进行滴定时，将烧杯放在白瓷板上，调节滴定管的高度，使滴定管下端伸入烧杯内 1 cm 左右。滴定管下端应位于烧杯中心的左后方，但不要靠壁过近。右手持搅拌棒在右前方搅拌溶液。在左手滴加溶液的同时，搅拌棒应作圆周搅动，但不得接触烧杯壁和底，如图 2-18 所示。

图 2-18　在烧杯中进行滴定操作

当加半滴溶液时，用搅棒下端承接悬挂的半滴溶液，放入溶液中搅拌。注意，搅棒只能接触液滴，不能接触滴定管管尖。其他注意点同上。

滴定结束后，滴定管内剩余的溶液应弃去，不得将其倒回原瓶，以免沾污整瓶操作溶液。随即洗净滴定管，备用。

第三部分 实验内容

实验一 硫酸铜的精制

一、目的与要求

1. 练习和掌握台秤的使用以及加热、溶解、过滤、蒸发、结晶等基本操作。
2. 了解精制硫酸铜的原理和方法。

二、原理摘要

晶体物质中常混有两类杂质：不溶性的杂质(如泥沙)和可溶性的杂质。我们可以采用重结晶的方法进行精制。不溶性的杂质用过滤的方法可以除去。对于可溶性的杂质，有时可以通过化学反应生成不溶性物质，再过滤除去；有时可以将其留在母液中，也可以达到除去的目的。

粗硫酸铜中常含有泥沙、较多的硫酸亚铁、硫酸铁和少量的硫酸钠、硫酸钾等杂质。泥沙可通过直接过滤除去；Na^+ 和 K^+ 可以留在母液中；$FeSO_4$ 经氧化剂 H_2O_2 或 Br_2 氧化成 Fe^{3+}，然后调节溶液的 pH 值(一般控制在 pH=4 左右)，使 Fe^{3+} 水解，生成 $Fe(OH)_3$ 沉淀，过滤除去。反应式为

$$2Fe^{2+} + H_2O_2 + 2H^+ = 2Fe^{3+} + 2H_2O$$

$$Fe^{3+} + 3H_2O = Fe(OH)_3 \downarrow + 3H^+$$

三、仪器与试剂

仪器：台秤，研钵，热漏斗，玻璃漏斗，漏斗架，布氏漏斗，烧杯，量筒，蒸发皿，减压泵，抽滤瓶，滤纸，pH 试纸，酒精灯，玻璃棒，点滴板。

试剂：粗硫酸铜，$1\ mol \cdot L^{-1}\ H_2SO_4$，$3\%H_2O_2$，$0.5\ mol \cdot L^{-1}\ NaOH$。

四、实验内容

1. 称量和溶解。

在台秤上称取 5 g 粗硫酸铜，在研钵中研细后，放入 100 mL 小烧杯中，加入 20 mL 蒸馏水，加热并搅拌，以促进溶解。

2. 沉淀生成和过滤。

在硫酸铜溶液中滴加 1 mL 的 $3\%H_2O_2$ 溶液，同时在不断搅拌下逐滴加入 $0.5\ mol \cdot L^{-1}$ NaOH 溶液来调节溶液的 pH 值(用玻璃棒蘸取溶液，在点滴板上检查 pH 值)，直到 pH = 4，再加热片刻，静置，使生成的 $Fe(OH)_3$ 沉淀完全。趁热过滤，滤液用洁净的蒸发皿收集，将沉淀物弃去。

3. 重结晶和抽滤。

在热过滤后的硫酸铜溶液中滴加 $1\ mol \cdot L^{-1}\ H_2SO_4$ 溶液酸化，调节 pH 值至 1~2，用酒精灯加热，蒸发浓缩溶液，一边加热一边搅拌，待液面出现一层结晶时停止加热，冷却至室温，即有晶体析出。

打开减压泵进行抽滤，尽量抽干，取出晶体，把它夹在两层滤纸之间，吸干表面的水分，吸滤瓶中的母液倒入回收瓶中。在台秤上称出产品的质量。

4. 数据记录。

精制硫酸铜的质量为＿＿＿＿＿＿克，并将数据代入下式计算产率。

$$产率 = \frac{精制硫酸铜克数}{粗硫酸铜克数} \times 100\%$$

五、注意事项

1. 蒸发浓缩硫酸铜溶液时，一定不能蒸干。

2. 抽滤时的滤纸一定要稍小于布氏漏斗的内径。

六、思考题

1. 如何除去粗硫酸铜中的 Fe^{2+} 离子？

2. 除去 Fe^{3+} 离子时，为什么要调节 pH＝4？pH 值太大或太小有什么影响？

3. 蒸发浓缩硫酸铜溶液时，为什么不能蒸干？

4. 抽滤时是否需要洗涤结晶？为什么？

实验二　凝固点降低法测分子量

一、目的与要求

1. 了解凝固点降低法测分子量的原理和方法。
2. 用凝固点降低法测定尿素的分子量。
3. 练习贝克曼温度计的使用方法。

二、原理摘要

非挥发性物质的稀溶液具有依数性，即蒸汽压下降、沸点升高、凝固点降低、具有一定的渗透压等。稀溶液的凝固点低于纯溶剂的凝固点，二者的差值称为稀溶液的凝固点降低值。

稀溶液凝固点降低值 ΔT_f 与溶液的质量摩尔浓度成正比，即

$$\Delta T_f = T_f^0 - T_f = K_f b \tag{1}$$

式中，T_f^0 和 T_f 分别表示溶剂和稀溶液的凝固点；b 为溶液的质量摩尔浓度；K_f 为溶剂的凝固点降低常数，它只与所用溶剂的本性有关，不同的溶剂，其凝固点降低常数不同。表 3-2-1 给出了一些常用溶剂的凝固点降低常数。

表 3-2-1　常用溶剂的 K_f

溶　剂	凝固点/℃	K_f
水	0	1.86
苯	5.5	5.10
氯仿	−63.7	4.68
四氯化碳	−22.9	32.0
醋酸	17.0	3.90

若某稀溶液是由 W 克溶质和 W_0 克溶剂配制而成，则此溶液的质量摩尔浓度为

$$b = \frac{W/M}{W_0} \times 1000 \qquad (2)$$

式中，M 为溶质的摩尔质量。将式(2)代入式(1)得：

$$\Delta T_f = K_f \frac{W \times 1000}{M \times W_0} \qquad (3)$$

若已知溶剂的 K_f 值，则可通过实验测定此溶液的凝固点降低值 ΔT_f，利用式(3)即可求得溶质的分子量：

$$M = \frac{K_f}{\Delta T_f} \times \frac{W}{W_0} \times 1000 \qquad (4)$$

凝固点降低值的大小与溶液中溶质的质点数目直接相关。溶质在溶液中缔合或离解时，应用式(4)计算的分子量不是溶质真正的分子量；只有当溶质以单分子存在于溶液中时，应用式(4)计算的分子量才是正确的，即式(4)只适用于难挥发的非电解质稀溶液。

溶剂的凝固点是指在 101.3 kPa 外压下，其液相与固相共存时的平衡温度。本实验采用步冷法测定凝固点，将溶剂逐步冷却，其冷却曲线如图 3-2-1(a)所示，曲线中的低下部分表示发生了过冷现象，当固体开始析出后，放出的热使温度迅速回升，至稳定的平衡温度。此平衡温度即为溶剂的凝固点 T_f^0，相当于冷却曲线中的水平部分的温度。

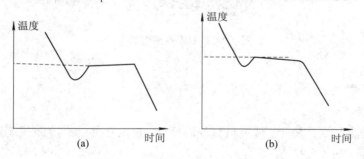

图 3-2-1 溶剂与溶液的步冷曲线

溶液的凝固点是指在 101.3 kPa 外压下，溶液与溶剂的固相共存时的平衡温度。溶液的步冷曲线与纯溶剂的不同，见图 3-2-1(b)，即当固态溶剂析出后，温度回升到平衡温度不能保持一稳定值。因为部分溶剂析出后，剩余溶液的浓度逐渐增大，平衡温度也会逐渐下降。如果过冷程度不大，可以将温度回升的最高值作为溶液的凝固点 T_f。若过冷程度太大，所得凝固点就会偏低，从而影响测定结果。因此，实验过程中一定要缓慢降温并加强搅拌，以减小体系的过冷程度。

三、仪器与试剂

仪器：凝固点测定装置 1 套(如图 3-2-2)，压片机 1 台，25 mL 移液管 1 支。

试剂：尿素，粗盐，冰，蒸馏水。

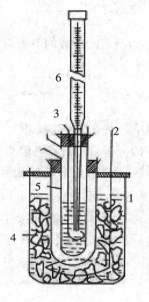

1——大烧杯；

2、3——搅拌器；

4——水；

5——冷凝管；

6——精密温度计

图 3-2-2 凝固点测定装置

四、实验内容

1. 准备仪器。

将凝固点测定管洗净烘干；调节贝克曼温度计，使水银柱的高度距顶端刻度 1℃～2℃。(调节方法见后面"小知识")。

2. 安装仪器。

按图 3-2-2 安装好仪器，并在冰槽中放入冰及适量粗盐，调节冰水浴温度为 –5℃左右，在整个测定过程中，应尽量保持此温度。

3. 蒸馏水凝固点的测定。

用移液管取 50 mL 蒸馏水加入到测定管中，使其浸没贝克曼温度计的水银球，记录蒸馏水的温度。将测定管直接放入冰水浴中，缓慢搅拌，注意温度开始下降，当晶体开始析出时，温度又会升高，记录温度回升到最高点时的读数，此读数即为蒸馏水的近似凝固点。

　　将测定管取出，用手温热使晶体全部熔化，再将测定管放入冰水浴中，缓慢搅拌，温度逐渐下降，直至比近似凝固点高 0.2℃时，取出测定管并擦干外壁，立即放入外套管中，继续搅拌，直至过冷到比近似凝固点低 0.5℃~1.0℃时，迅速搅拌，促使晶体析出，温度迅速回升，准确记录回升的最高温度，应准确读到 0.002℃。此数据即为蒸馏水的凝固点。如此重复测定三次(要求绝对误差不超过 0.004℃)，取其平均值。

　　4. 溶液凝固点的测定。

　　称取尿素 0.5 g，用压片机制成片状，再用分析天平准确称重。从测定管的支管处投入管中，待溶解后，按步骤 3 测定溶液的近似凝固点和凝固点。测定过程中，要求析出的晶体尽可能少，溶液的凝固点 T_f 取过冷后水银柱回升的最高温度，准确读到 0.002℃，重复测定三次(要求绝对误差不超过 0.004℃)，取其平均值。

　　5. 数据记录。

　　(1) 蒸馏水的温度_____℃。查出此水温时水的密度，计算蒸馏水的质量。

　　(2) 将实验数据记录到表 3-2-2 中。

表 3-2-2　实验数据记录及处理

物　　质	质量/g	凝固点/℃	凝固点平均值	凝固点降低值
水		1. 2. 3.		
尿素		1. 2. 3.		

五、注意事项

　　1. 搅拌时，不要使搅拌棒与温度计相碰撞。开始要缓慢搅拌，在晶体析出时要迅速搅拌，从而降低体系的过冷程度。

　　2. 在测定溶液的凝固点时，温度回升后会转而下降，一定要准确记录回升的最高温度。

六、思考题

1. 凝固点降低法测定分子量的公式在什么条件下适用？
2. 读取纯溶剂的凝固点和溶液的凝固点时有何不同？为什么？
3. 加入溶质的量太多或太少会有什么影响？
4. 为什么要使用外套管？
5. 把测得的尿素的分子量数值与理论值比较，分析本实验中产生误差的可能因素。

◇ 小知识

贝克曼温度计

贝克曼温度计是一种能够精确测量温度差值的温度计。

1. 构造

贝克曼温度计的构造如图 3-2-3 所示，刻度尺 3 的刻度范围一般有 0~5℃ 及 0~6℃ 两种。每 1℃ 分为 100 等份，即刻线的每一小格为 0.01℃，借助放大镜可以估读到 0.002℃。刻度的排列法也有两种，一种是将最大读数刻在上端(称为温度上升式)；另一种是将最大读数刻在下端(称为温度下降式)。水银贮槽用于调节温度计下端水银球 4 内的水银量。

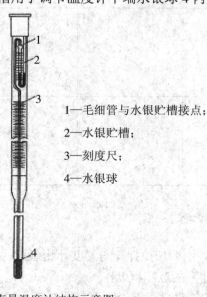

1—毛细管与水银贮槽接点；

2—水银贮槽；

3—刻度尺；

4—水银球

图 3-2-3 贝克曼温度计结构示意图

2. 特点

(1) 刻度精细。借助放大镜可以估读到 0.002℃，测量精度较高。

(2) 一般只有 0～5℃ 及 0～6℃ 两种，温度量程较短。

(3) 毛细管的上端有一水银贮槽 2，用于调节温度计下端水银球 4 内的水银量。所以，可以在不同温度范围内使用。

(4) 因水银球内的水银量是可变的，因此水银柱的刻度值不是温度的绝对值，即不是实际的温度值。只能在量程范围内读出温度间的差值，主要用于量热技术中。

3. 使用方法

在使用贝克曼温度计测量温差前，首先要视测量的需要(温度上升或下降)，将温度计的水银柱调整在一定的刻度上，即进行温度量程的调节。这里介绍标尺读数法，即借助贝克曼温度计的水银贮槽后面的标尺进行调节。水银贮槽后面的标尺的作用是，如将温度计慢慢倒转，使槽内水银到达 1 处，但并不与毛细管内的水银相接，此时，槽内水银柱面如指在 20 刻度处，说明如将温度计浸入 20℃ 的待测液中，毛细管内水银柱将升到刻度尺的最高刻度附近，其温度值为 20℃。借助标尺这一作用的调节步骤如下：

(1) 首先估计实验中最高使用温度 $T=t+(T_0+T_c)$，这里 t 为待测液的起始温度，T_0 为贝克曼温度计刻度尺上的最高温度读数，T_c 为要求调节水银柱所处的温度。

(2) 将温度计倒转，用右手握住其上端，轻磕手臂，使两部分水银相连接，待槽内水银柱面超过标尺上选定的最高温度 4℃～6℃ 时，迅速直立温度计，此时，槽内水银将回缩。注意观察，当槽内的水银柱面达到标尺上的最高使用温度时，用左手掌轻磕右手臂，使连接的水银在 1 处断开。

(3) 待毛细管内水银柱面回缩离开 1 处后，慢慢倾斜温度计，使槽内水银回到毛细管 1 处，但不要与毛细管内水银相接，检查槽内水银柱面是否恰好指在标尺上最高使用温度处，如偏差较大，则需重新调节。

(4) 将调好的温度计浸于温度为 t 的水中进行校正，如毛细管内的水银柱面正好落在 T_c 附近，则认为调节成功。

4. 使用注意事项

(1) 在进行使毛细管内水银与槽内水银断开的操作时应注意，不要用力过猛；远离实验台等硬物，防止与温度计撞击而损坏温度计。

(2) 调节过程中，勿使过多的水银进入贮槽。若槽内水银过多，由于水银本身的重量，致使温度计直立时槽内水银与毛细管内水银自行断开，无法进行调节。

(3) 调节好的温度计，切勿使毛细管中的水银再与槽内水银相接。

实验三　电离平衡、盐类水解和沉淀平衡

一、目的与要求

1. 加深对电离平衡、水解平衡、沉淀平衡、同离子效应等理论的理解。
2. 学习缓冲溶液的配制并试验其性质。
3. 掌握沉淀的生成、溶解的操作过程及转化条件。
4. 掌握离心分离操作和 pH 试纸的使用。

二、原理摘要

电解质有强电解质和弱电解质之分。在水中完全解离的为强电解质，部分解离的为弱电解质。但由于"离子氛"的存在，强电解质的表观解离度小于 100%。

一定条件下，电解质在水溶液中建立电离平衡，当条件改变时，原有平衡被打破，经过平衡移动而建立新的电离平衡。盐酸为强电解质，醋酸为弱电解质，所以盐酸是强酸而醋酸为弱酸。

在溶液中，强碱弱酸盐、强酸弱碱盐或弱酸弱碱盐电离出来的离子与水电离出来的 H^+ 与 OH^- 生成弱电解质的过程称做盐类水解。

盐的构成中出现弱碱阳离子或弱酸根阴离子，该盐就会水解。这些离子对应的碱或酸越弱，水解程度越大，溶液的 pH 变化越大。水解后溶液的酸碱性由构成该盐离子对应的酸和碱的相对强弱决定，酸强显酸性，碱强显碱性。

双水解反应：一种盐的阳离子水解显酸性，一种盐的阴离子水解显碱性，当两种盐溶液混合时，由于 H^+ 和 OH^- 结合生成水而相互促进水解，使水解程度变大甚至完全进行的反应。

水解反应为吸热反应，升温使水解程度增大；盐的浓度越小，水解程度越大；同离子效应使盐的水解程度降低；溶液酸碱度的改变影响盐的水解程度。

在水中溶解度较小的物质称为沉淀物质，这类物质已溶解的部分在水中完全解离，因此把这类物质称为难溶强电解质。一定条件下，难溶强电解质在水溶液中建立沉淀溶解平衡，条件改变时产生平衡移动而建立新的平衡。

饱和状态时，即达到沉淀溶解平衡时：

$$A_m B_n(s) \rightarrow m\,A^{n+} + n\,B^{m+}$$

$$K_{sp} = [A^{n+}]^m[B^{m+}]^n$$

任何状态时：

$$IP = c^m(A^{n+})c^n(B^{m+})$$

K_{sp} 称为溶度积，IP 称为离子积。

$IP = K_{sp}$ 时，为饱和溶液；

$IP < K_{sp}$ 时，为未饱和溶液，没有沉淀生成；

$IP > K_{sp}$ 时，为过饱和溶液，有沉淀生成。

此即为溶度积规则。

三、仪器与试剂

仪器：试管，离心机，表面皿，酒精灯，试管夹，烧杯。

固体药品：NH_4Ac，Zn 粒，$SbCl_3$，$Fe(NO_3)_3$。

液体药品：H_2SO_4($1\ mol \cdot L^{-1}$)，HCl($6\ mol \cdot L^{-1}$，$2\ mol \cdot L^{-1}$、$0.1\ mol \cdot L^{-1}$)，HNO_3($1\ mol \cdot L^{-1}$，$6\ mol \cdot L^{-1}$)，HAc($0.2\ mol \cdot L^{-1}$、$0.1\ mol \cdot L^{-1}$)，$NaOH$($0.1\ mol \cdot L^{-1}$)，$NH_3 \cdot H_2O$($6\ mol \cdot L^{-1}$、$0.1\ mol \cdot L^{-1}$)，$NaCl$($1\ mol \cdot L^{-1}$、$0.1\ mol \cdot L^{-1}$)，NH_4Cl($0.1\ mol \cdot L^{-1}$)，$BaCl_2$($0.5\ mol \cdot L^{-1}$)，$MgCl_2$($0.5\ mol \cdot L^{-1}$)，$AgNO_3$($0.1\ mol \cdot L^{-1}$)，$Pb(NO_3)_2$($0.1\ mol \cdot L^{-1}$、$0.001\ mol \cdot L^{-1}$)，Na_2SO_4($0.5\ mol \cdot L^{-1}$)，$Al_2(SO_4)_3$($0.5\ mol \cdot L^{-1}$)，Na_2S($1\ mol \cdot L^{-1}$)，$NaAc$($0.1\ mol \cdot L^{-1}$，$0.2\ mol \cdot L^{-1}$)，NH_4Ac($0.1\ mol \cdot L^{-1}$)，K_2CrO_4($0.1\ mol \cdot L^{-1}$，$0.5\ mol \cdot L^{-1}$)，Na_2CO_3($0.5\ mol \cdot L^{-1}$)，PbI_2(饱和)，KI($0.2\ mol \cdot L^{-1}$、$0.001\ mol \cdot L^{-1}$)，$(NH_4)_2C_2O_4$(饱和)，酚酞溶液，甲基橙溶液。

材料：pH 试纸。

四、实验内容

(一) 电离平衡

1. 比较盐酸和醋酸的酸性。

(1) 在两支试管中分别加入 5 滴 0.1 mol·L^{-1} HCl 和 0.1 mol·L^{-1} HAc 溶液,再各加一滴甲基橙指示剂,观察溶液的颜色。

(2) 用 pH 试纸分别试验 0.1 mol·L^{-1} HCl 和 0.1 mol·L^{-1} HAc 溶液的 pH 值。

(3) 在两支试管中各加入一粒锌粒,分别加入 5 滴 0.1 mol·L^{-1} HCl 和 0.1 mol·L^{-1} HAc,观察现象。

根据实验结果,列表比较两者酸性有何不同,为什么?

2. 同离子效应。

(1) 取 5 滴 0.1 mol·L^{-1} HAc 溶液,加 1 滴甲基橙指示剂,观察溶液的颜色,再加入固体 NH$_4$Ac 少许,观察溶液颜色变化,解释上述现象。

(2) 取 5 滴 0.1 mol·L^{-1} NH$_3$·H$_2$O 溶液,加 1 滴酚酞溶液,观察溶液颜色,再加入固体 NH$_4$Ac 少许,观察溶液颜色变化,并解释之。

(3) 在试管中加 3 滴饱和 PbI$_2$ 溶液,然后加 1~2 滴 0.2 mol·L^{-1} KI 溶液,震荡试管观察有何现象?说明为什么。

3. 缓冲溶液的性质。

(1) 在一支试管中加 2 mL 0.2 mol·L^{-1} HAc 和 2 mL 0.2 mol·L^{-1} NaAc 溶液,摇匀后用 pH 试纸测定溶液的 pH 值。将溶液分成两份,一份加入 1 滴 0.1 mol·L^{-1} HCl 溶液,另一份加入 1 滴 0.1 mol·L^{-1} NaOH 溶液,分别用 pH 试纸测定溶液的 pH 值。

(2) 在两支试管中各加入 5 mL 蒸馏水,用 pH 试纸测其 pH 值。然后各加入 1 滴 0.1 mol·L^{-1} HCl 和 0.1 mol·L^{-1} NaOH 溶液,分别测定溶液的 pH 值。与上一实验比较,说明缓冲溶液具有什么性质。

(二) 盐类水解

(1) 用精密 pH 试纸测定浓度均为 0.1 mol·L^{-1} 的 NaCl、NH$_4$Cl、NaAc 和 NH$_4$Ac 的 pH 值。解释观察到的现象。

(2) 取豆粒大小的 Fe(NO$_3$)$_3$ 晶体,加约 2 mL 水溶解后观察溶液的颜色。将溶液分成三份,一份留作比较;另一份在小火上加热至沸;第三份滴加 1 mol·L^{-1} HNO$_3$ 溶液,观察并解释现象,写出反应方程式。

(3) 取米粒大小的固体三氯化锑,用少量水溶解,观察现象,测定该溶液的 pH 值。再滴加 6 mol·L^{-1} HCl 溶液,震荡试管,至沉淀刚好溶解,再加水稀释,又有何现象?写出反应方程式并加以解释。

(4) 在试管中分别加入 3 滴 0.5 mol·L^{-1} Al$_2$(SO$_4$)$_3$ 和 3 滴 0.5 mol·L^{-1} Na$_2$CO$_3$ 溶液，并分别测其 pH 值。然后将 Na$_2$CO$_3$ 溶液倒入 Al$_2$(SO$_4$)$_3$ 溶液中，观察有什么现象？设法验证产物。写出反应方程式并加以解释。

(三) 沉淀溶解平衡

1. 沉淀溶解平衡。

在离心试管中加入 3 滴 0.1 mol·L^{-1} Pb(NO$_3$)$_2$ 溶液，然后加 2 滴 1 mol·L^{-1} NaCl 溶液，待沉淀完全后，离心分离，弃上层清液，加几滴水洗涤沉淀，再加 2 滴 0.5 mol·L^{-1} K$_2$CrO$_4$ 溶液，观察有什么现象？解释并书写有关的化学反应方程式。

2. 溶度积规则的应用。

(1) 在试管中加 4 滴 0.1 mol·L^{-1} Pb(NO$_3$)$_2$ 溶液和 2 滴 0.2 mol·L^{-1} KI 溶液，观察有无沉淀生成。

(2) 用 0.001 mol·L^{-1} Pb(NO$_3$)$_2$ 和 0.001 mol·L^{-1} KI 溶液各 3 滴进行上述实验，观察实验现象并用溶度积规则解释。

3. 分步沉淀。

在试管中加入 4 滴 0.1 mol·L^{-1} NaCl 溶液和等量的 0.1 mol·L^{-1} K$_2$CrO$_4$ 溶液。边震荡边滴加 0.1 mol·L^{-1} AgNO$_3$ 溶液，观察沉淀颜色的变化。用溶度积规则解释实验现象。

(四) 沉淀的溶解和转化

(1) 在试管中加入 2 滴 0.5 mol·L^{-1} BaCl$_2$ 溶液，再加入 1 滴饱和(NH$_4$)$_2$C$_2$O$_4$ 溶液，观察是否有沉淀生成。在沉淀上加几滴 6 mol·L^{-1} HCl 盐酸，解释所发生的现象并写出反应方程式。

(2) 取 2 滴 0.1 mol·L^{-1} AgNO$_3$ 溶液，加 1 滴 1 mol·L^{-1} NaCl 溶液，观察是否有沉淀生成，再逐滴加入 6 mol·L^{-1} NH$_3$·H$_2$O，观察有何现象发生？写出反应方程式。

(3) 取 1 滴 0.1 mol·L^{-1} AgNO$_3$ 溶液，加 1 滴 1 mol·L^{-1} Na$_2$S 溶液，观察沉淀的生成。在沉淀上加几滴 6 mol·L^{-1} HNO$_3$，微热，有何现象？写出反应方程式并解释实验现象。

五、注意事项

实验内容较多，较琐碎，要仔细观察每一步的实验现象，并及时记录，根据所学知识给出合理的解释。

六、思考题

1. 如何用 $0.2\ mol \cdot L^{-1}$ HAc 和 $0.2\ mol \cdot L^{-1}$ NaAc 溶液配制 10mL pH=4.1 的缓冲溶液?

2. 将下面的两种溶液混合,是否能形成缓冲溶液?为什么?

(1) 10 mL 0.1 $mol \cdot L^{-1}$ 盐酸与 10mL 0.1 $mol \cdot L^{-1}$ 氨水。

(2) 10 mL 0.2 $mol \cdot L^{-1}$ 盐酸与 10mL 0.1 $mol \cdot L^{-1}$ 氨水。

(3) 预测 NaH_2PO_4、Na_2HPO_4 和 Na_3PO_4 的酸碱性,说明理由。

实验四　缓冲溶液 pH 值的测定

一、目的与要求

1. 掌握具有一定 pH 值的缓冲溶液的配制方法，加深对缓冲溶液性质的理解。
2. 理解缓冲溶液的总浓度和缓冲比对缓冲容量的影响。
3. 掌握测定 pH 值的基本原理和方法。

二、原理摘要

缓冲溶液的性质是：在其中加入少量的强酸或强碱，或稍加稀释后，该溶液的 pH 值基本保持不变。缓冲溶液是一对共轭的酸碱体系，即它是由一种弱酸和它的共轭碱或弱碱和它的共轭酸所组成的混合物溶液。

配置一定 pH 值的缓冲溶液，可以通过亨德森-哈塞尔巴赫方程式计算出所需的共轭酸和共轭碱的用量，也可以通过查阅有关缓冲系列 pH 值的数据配制。

亨德森-哈塞尔巴赫方程式：

$$pH = pKa + lg\frac{[共轭碱]}{[共轭酸]}$$

pH 计是用来准确测量水溶液 pH 值的仪器，它是运用一对电极在不同 pH 值的溶液中产生不同的电动势这一原理设计的。

玻璃电极可以用来指示溶液的 pH 值，故称为指示电极，它在 298 K 时的电极电势可表示为

$$\varphi_G = \varphi_G^\theta - 0.0592\,pH$$

式中，φ_G^θ 是与玻璃电极有关的一个常数，不同电极由于制造过程中玻璃表面存在一定差异，所以不同电极 φ_G^θ 不同，它实际上是一个未知数。

市场上有各种规格的甘汞电极，常用的三种不同浓度的甘汞电极与温度的关系式如下：

0.1 mol · L^{-1} KCl

$$\varphi_{甘汞} = 0.3337 - 7 \times 10^{-5}(t - 25)$$

1.0 mol · L^{-1} KCl

$$\varphi_{甘汞} = 0.2801 - 2.4 \times 10^{-4}(t - 25)$$

饱和 KCl

$$\varphi_{甘汞} = 0.2415 - 7.6 \times 10^{-4}(t - 25)$$

如果采用饱和甘汞电极，溶液温度达到 298 K 时，用玻璃电极和甘汞电极组成电池，其电动势为：

$$E = \varphi_{甘汞} - \varphi_{玻} = 0.2415 - (\varphi_G^{\theta} - 0.0592\text{pH})$$

其中，φ_G^{θ} 为一定的值。

在实际工作中并不需要知道 φ_G^{θ} 的值，而是先用已知 pH 的缓冲溶液来校正，即通过两次测量法将 φ_G^{θ} 项消去。首先把玻璃电极和甘汞电极一同放入已知 pH 的缓冲溶液中，组成一电池，测定该电池的电动势 E_s 为

$$E_s = 0.2415 - (\varphi_G^{\theta} - 0.0592\text{pH}_s) \tag{1}$$

然后，再将两个电极放入待测 pH 的溶液中，测出该电池的电动势 $E_{测}$ 为

$$E_{测} = 0.2415 - (\varphi_G^{\theta} - 0.0592\text{pH}_{测}) \tag{2}$$

将式(2)和式(1)相减得：

$$E_{测} - E_s = 0.0592(\text{pH}_{测} - \text{pH}_s)$$

则

$$\text{pH}_{测} = \text{pH}_s + \frac{E_{测} - E_s}{0.0592}$$

如果在其他温度下可按下式计算被测溶液的 pH 值：

$$\text{pH}_{测} = \text{pH}_s + \frac{(E_{测} - E_s)F}{2.303RT}$$

式中，R 为气体常数；T 为反应的绝对温度；F 为法拉第常数。

pH 计一般已把测得的电动势值直接用 pH 的数值表示出来。本实验中我们用的是雷磁复合电极，即将玻璃电极和甘汞电极组合成了一个复合电极，使用起来更简单方便。

三、仪器与试剂

仪器：PHS-2F 型酸度计，雷磁复合电极，100 mL 烧杯 2 个，1 mL、5 mL、10 mL、25 mL 移液管各 1 支。

试剂：邻苯二甲酸氢钾($KHC_8H_4O_4$，0.1000 mol·L^{-1})，NaOH(0.1000 mol·L^{-1})，HCl (0.1000 mol·L^{-1})。

标准缓冲溶液(pH=4.00)：0.05 mol·L^{-1} 邻苯二甲酸氢钾，称取在(115±5)℃下烘干 2～3 小时的 GR 邻苯二甲酸氢钾($KHC_8H_4O_4$)10.12 g 溶于蒸馏水，在容量瓶中稀释至 1 L。

四、实验内容

1. 具有一定 pH 值的缓冲溶液的配制。

取 2 只 100 mL 干燥的小烧杯，标上记号，用移液管按表 3-4-1 分别量取邻苯二甲酸氢钾、NaOH 和蒸馏水，配制成两个不同 pH 值的缓冲溶液，并搅拌均匀。

表 3-4-1　缓冲溶液的配制

缓冲溶液编号	I	II
0.1000 mol·L^{-1} $KHC_8H_4O_4$/mL	25.00	25.00
0.1000 mol·L^{-1} NaOH/mL	14.40	20.30
H_2O/mL	10.60	4.70
pH(文献值)	5.20	5.70
pH(测定值)		

2. 用 PHS-2F 型酸度计测量溶液的 pH 值。

(1) 用 pH 值为 4 的 $KHC_8H_4O_4$ 标准缓冲溶液校正 pH 计。

(2) 验证 I 号缓冲溶液的 pH 值。

(3) 在 I 号缓冲溶液中加入约 1 mL 0.1000 mol·L^{-1} NaOH 溶液，搅拌均匀，测定加碱后溶液的 pH 值。

(4) 验证 II 号缓冲溶液的 pH 值。

(5) 在 II 号缓冲溶液中加入约 1 mL 0.1000 mol·L^{-1} HCl 溶液，搅拌均匀，测定加酸后溶液的 pH 值。

五、注意事项

1. 电极浸入标准溶液或待测溶液中时，要捏住电极快速搅拌数次，以使敏感电极及盐桥周围充满溶液。

2. 电极在进行校正和测量时，其加液口应处于开口状态，使用完毕应关闭。

六、思考题

1. 邻苯二甲酸($H_2C_8H_4O_4$)的 $pKa_1 = 2.95$，$pKa_2 = 5.41$，用邻苯二甲酸氢钾($KHC_8H_4O_4$)和适量的 NaOH 溶液，理论上可以配制 pH 值在什么范围的缓冲溶液？该缓冲溶液的抗酸和抗碱成分是什么？

2. 本实验中，如果实验测得的 pH 值与理论值有较大差别，试分析其原因。

◇ 小知识

PHS-2F 型酸度计

酸度计是用来测定溶液酸度的仪器，新型酸度计常见的型号有 PHS-2、PHS-3 型，它们的原理相同，只是结构稍有不同，使用步骤有一定的差别，请注意阅读使用说明书。下面主要介绍 PHS-2F 型酸度计(图 3-4-1)的使用方法。

图 3-4-1　PHS-2F 酸度计

一、开机前的准备

(1) 将多功能电极架插入多功能电极架插座中；将 pH 复合电极安装在电极架上。

(2) 将 pH 复合电极下端的电极保护套拔下，并且拉下电极上端的橡皮套使其露出上端小孔。

(3) 用蒸馏水清洗电极。

二、仪器的使用

(一) 电位(mV 值)的测量

(1) 打开电源开关，"pH/mV" 波段开关旋至 "mV" 挡，使仪器进入 mV 测量状态。

(2) 把电极插在被测溶液中，即可在显示屏上读出该离子选择电极的电极电位(mV)值，还可自动显示正、负极性。

注意：如果被测信号超出仪器的测量范围，或测量端开路时，显示屏不会亮。

(二) pH 值的测量

仪器使用前首先要标定。一般情况下仪器在连续使用时，每天要标定一次。

1. 仪器标定

(1) 打开电源开关，"pH/mV" 波段开关旋至 "pH" 挡，使仪器进入 pH 测量状态。

(2) 调节 "温度" 旋钮，使旋钮白线对准溶液温度值；把 "斜率" 旋钮顺时针旋到底 (100%位置)。

(3) 把用蒸馏水清洗过的电极插入 pH=6.86 的标准缓冲溶液中，调节 "定位" 旋钮使仪器显示读数与该缓冲溶液当时温度下的 pH 值一致。

(4) 把用蒸馏水清洗过的电极插入 pH=4.00(或 pH=9.18)的标准缓冲溶液中，调节 "斜率" 旋钮使仪器显示读数与该缓冲溶液当时温度下的 pH 值一致。

(5) 重复(3)和(4)，直至不用再调节定位或斜率两旋钮为止，仪器完成标定。

(6) 用蒸馏水清洗电极后即可对被测溶液进行测量。

注意：经标定后，定位调节旋钮及斜率调节旋钮不应再有变动。标定时第一次应用 pH=6.86 的标准溶液，第二次应用接近被测溶液 pH 值的标准缓冲溶液。若被测溶液为酸性，则应选 pH=4.00 的标准缓冲溶液；若被测溶液为碱性，则选 pH=9.18 的标准缓冲溶液。

2. 测量

经标定过的仪器即可用来测量被测溶液，被测溶液与标定溶液温度不同，所引起的测量步骤也有所不同。

(1) 被测溶液与标定溶液温度相同时，测量步骤如下：

① 用蒸馏水清洗电极头部，再用被测溶液清洗一次。

② 把电极浸入被测溶液中，用玻璃棒搅拌溶液，使溶液均匀后读出该溶液的 pH 值。

(2) 被测溶液与标定溶液温度不同时，测量步骤如下：

① 用蒸馏水清洗电极头部，再用被测溶液清洗一次。

② 用温度计测出被测溶液的温度值。

③ 调节"温度"调节旋钮，使白线对准被测溶液的温度。

④ 把电极浸入被测溶液中，用玻璃棒搅拌溶液，使溶液均匀后读出该溶液的 pH 值。

三、仪器的维护

(1) 电极在测量前必须用已知 pH 值的标准缓冲溶液进行校准，其 pH 值愈接近被测 pH 值愈好。

(2) 取下电极护套后，应避免电极的敏感玻璃泡与硬物接触，因为任何破损或擦毛都会使电极失效。

(3) 测量结束，及时将电极保护套套上，电极套内应放少量外参比补充液，以保持电极球泡的湿润，切忌浸泡在蒸馏水中。

(4) 复合电极外参比补充液应高于被测溶液液面 10 mm 以上，如果低于被测溶液液面，应及时补充外参比补充液，补充液可以从电极上端小孔加入，复合电极不使用时，拉上橡皮套，防止补充液干涸。

(5) 电极的引出端必须保持清洁干燥，绝对防止输出两端短路，否则将导致测量失准或失效。

(6) 仪器的输入端(测量电极插座 6)必须保持干燥清洁，仪器不用时将 Q9 短路插头插入插座，防止灰尘及水汽浸入。

(7) 电极应避免长期浸在蒸馏水、蛋白质溶液和酸性氟化物溶液中，还应避免与有机硅油接触。

(8) 电极经长期使用后如发现斜率略有降低，可把电极下端浸泡在 4%HF(氢氟酸)中 3～5 秒钟，用蒸馏水洗净，然后在 $0.1 \ mol \cdot L^{-1}$ 盐酸溶液中浸泡，使之复新。

(9) 被测溶液中如含有易污染敏感球泡或堵塞液接界的物质而使电极钝化，会出现斜率降低、显示读数不准的现象。如发生该现象，则应根据污染物质的性质，用适当溶液清洗，使电极复新。

实验五　醋酸解离常数的测定

一、目的与要求

1. 掌握测定醋酸解离常数的原理和方法。
2. 加深对解离度和解离常数的理解。
3. 掌握 pH 计的使用方法。

二、原理摘要

醋酸(CH_3COOH 或简写为 HAc)是弱电解质，在水溶液中存在如下解离平衡：

$$HAc \rightleftharpoons H^+ + Ac^-$$

$$Ka = \frac{\left[H^+\right]\left[Ac^-\right]}{[HAc]}$$

式中，$[H^+]$、$[Ac^-]$、$[HAc]$ 分别是 H^+、Ac^-、HAc 的平衡浓度；Ka 为解离平衡常数。醋酸的总浓度 c 可以用标准 NaOH 滴定测得。醋酸解离出的 H^+ 离子的浓度，在一定温度下，用 pH 计测定醋酸溶液的 pH 值，根据 $pH = -lg[H^+]$ 关系式计算出来。另外，再从 $[H^+] = [Ac^-]$ 和 $[HAc] = c - [H^+]$ 关系式求出 $[Ac^-]$ 和 $[HAc]$，代入上式即可计算出该温度下醋酸的 Ka 值：

$$Ka = \frac{\left[H^+\right]^2}{c - \left[H^+\right]}$$

再根据下式计算醋酸的解离度：

$$\alpha = \frac{\left[H^+\right]}{c} \times 100\%$$

当 $\alpha < 5\%$ 时，

$$Ka = \frac{\left[H^+\right]^2}{c}$$

所以，测定出已知浓度的醋酸溶液的 pH 值，就可以计算出解离度和解离常数。

三、仪器与试剂

仪器：酸度计，50 mL 碱式滴定管 1 支，25 mL、10 mL 移液管各 1 支，50 mL 容量瓶 3 个，50 mL 小烧杯 4 个。

试剂：0.2000 mol·L^{-1} 的 NaOH 标准溶液，0.2 mol·L^{-1} 的 HAc 溶液，酚酞指示剂。

四、实验内容

1. 醋酸溶液总浓度的测定。

用移液管吸取 25.00 mL 0.2 mol·L^{-1} 的 HAc 溶液三份，分别置于 3 个 250 mL 的锥形瓶中，各加 2～3 滴酚酞指示剂。分别用 NaOH 标准溶液滴定至溶液呈微红色，半分钟内不褪色为止，记下所用 NaOH 溶液的体积。把滴定的数据和实验结果填入表 3-5-1 中。

表 3-5-1　醋酸溶液总浓度的测定

滴　定　序　号	1	2	3
NaOH 溶液的浓度/mol·L^{-1}			
HAc 溶液的用量 /mL			
NaOH 溶液的用量/mL			
HAc 溶液的浓度 /mol·L^{-1}			
HAc 溶液浓度平均值/mol·L^{-1}			

2. 配制不同浓度的醋酸溶液。

用移液管分别取 2.50 mL、5.00 mL、25.00 mL 已知其准确浓度的 HAc 溶液于 3 个 50 mL 容量瓶中，用蒸馏水稀释到刻度，摇匀。根据以上醋酸溶液总浓度测定结果，计算这三种稀释后 HAc 溶液的准确浓度，填入表 3-5-1 中。

3. 测定不同浓度醋酸溶液的 pH 值。

将上述 3 个不同浓度的溶液，再加上原浓度的醋酸溶液共 4 个溶液分别转移至 4 个干燥的 50 mL 小烧杯中，按浓度由小到大的顺序用 pH 计测定它们的 pH 值。记录实验数据和温度，计算其解离度和解离平衡常数并填入表 3-5-2 中。

表 3-5-2 醋酸的解离度和解离常数

溶液编号	$c/$ mol·L^{-1}	pH	[H$^+$]/ mol·L^{-1}	解离度 α	解离常数 K$_a$	
					测定值	平均值
1						
2						
3						
4						

五、注意事项

1. 电极在不使用时，必须浸在外参比液中，以免干燥后玻璃膜吸附杂质而影响测量精度。

2. 在测量溶液 pH 值时，必须用蒸馏水冲洗电极，再用滤纸吸干，然后再测量下一个溶液。测定不同浓度醋酸溶液的 pH 值时，一定要按照由稀到浓的顺序。

3. 每测量一次溶液 pH 值时，必须先对零点进行核对后再读数。

六、思考题

1. 改变 HAc 溶液的浓度和温度，其解离度和解离平衡常数有无变化？如有变化，会怎样变化？

2. "解离度越大，酸度越大"这种说法对吗？为什么？

3. 如果所用的 HAc 溶液的浓度达到了极稀的程度，还能用公式 $Ka = \dfrac{\left[H^+\right]^2}{c}$ 计算 HAc 的解离平衡常数吗？为什么？

实验六 溶胶与大分子溶液

一、目的与要求

1. 了解半透膜的制备方法。
2. 学会溶胶的制备和净化方法。
3. 观察溶胶的光学性质、动力学性质和电学性质。
4. 观察蛋白质的盐析作用及其对溶胶的保护作用。

二、原理摘要

溶胶和大分子溶液都属于胶体分散系,分散相粒子直径的大小在 $1\sim100\,nm$ 之间。大分子溶液是均相的热力学稳定体系,而溶胶是多相的热力学不稳定体系。准备溶胶的方法通常有两类:分散法和凝聚法。本实验采用的是化学凝聚法,即利用水解反应、复分解反应及氧化还原反应等化学反应生成难溶物质,在适宜的浓度和条件下形成溶胶。例如:

水解反应: $\quad\quad\quad\quad\quad FeCl_3 + 3H_2O(沸水) = Fe(OH)_3 + 3HCl$

溶液中部分 $Fe(OH)_3$ 与 HCl 作用:

$$Fe(OH)_3 + HCl = FeOCl + 2H_2O$$

$$FeOCl = FeO^+ + Cl^-$$

$Fe(OH)_3$ 胶核能吸附溶胶中与其组成相似的 FeO^+,而使胶粒带正电,而电性相反的 Cl^-(称为反离子)则留在分散介质中,即形成 $Fe(OH)_3$ 正溶胶。

利用酒石酸锑钾与硫化氢的复分解反应:

$$2(SbO)K(C_4H_4O_6) + 3H_2S = Sb_2S_3 + 2KHC_4H_4O_6 + 2H_2O$$

溶液中少量 H_2S 离解:

$$H_2S = H^+ + HS^-$$

Sb_2S_3 胶核吸附 HS^- 离子,而使胶粒带负电,从而形成负溶胶。

利用硝酸银与碘化钾的复分解反应:

$$AgNO_3 + KI = AgI + KNO_3$$

胶粒带什么电荷，决定于 $AgNO_3$ 和 KI 的相对数量。若 $AgNO_3$ 过量，KI 可吸附过量的 Ag^+ 离子而带正电，即形成 AgI 正溶胶；若 KI 过量，AgI 则吸附 I^- 离子而带负电，即形成 AgI 负溶胶。

任何溶胶都带有一定电荷，在溶胶中加入少量电解质，可影响溶胶的稳定性，使胶粒很快聚结变大，以致沉淀析出，这种现象称做溶胶的聚沉。不同价的反离子的聚沉能力随价数增高而急剧增大。电荷符号相反的两个溶胶以适当量混合时也能发生相互聚沉。在溶胶中加入一定量的大分子溶液，可以使溶胶的稳定性增加，这种现象是大分子化合物对溶胶的保护作用。

胶粒带有电荷，在外加电场的作用下，带电荷的胶粒就会进行定向移动，这种现象称做电泳。

将一束可见光通过溶胶时，在与光束垂直的方向上可以看到明显的光柱，这就是溶胶的丁铎尔效应。真溶液和粗分散系都无此现象。

蛋白质溶液是大分子电解质溶液，高浓度的中性盐(常用硫酸铵)溶液使蛋白质从溶液中沉淀析出的现象称为盐析。这一过程是可逆的，析出的沉淀中再加入溶剂后又能恢复成大分子溶液。盐析作用与电解质对溶胶的聚沉作用是不同的。

利用溶胶颗粒不能透过半透膜的性质进行渗析，以分离溶胶中过量的电解质离子，可以得到较稳定和较纯净的溶胶，这一过程称做溶胶的净化。

三、仪器与试剂

仪器：50 mL、100 mL、250 mL 烧杯各 1 个，10 mL、100 mL 量筒各 1 个，三角烧瓶 1 个，滤纸，pH 试纸，半透膜袋，丁铎尔效应箱，电泳装置。

试剂：$0.01\ mol \cdot L^{-1}\ AgNO_3$，$0.01\ mol \cdot L^{-1}\ KI$，$0.1\ mol \cdot L^{-1}\ FeCl_3$，0.4%酒石酸锑钾，$H_2S$ 饱和溶液，$0.5\ mol \cdot L^{-1}\ NaCl$，$0.05\ mol \cdot L^{-1}\ CaCl_2$，$0.005\ mol \cdot L^{-1}\ AlCl_3$，$0.2\ mol \cdot L^{-1}\ Na_2S$，$0.2\ mol \cdot L^{-1}\ CuSO_4$，1%明胶溶液，0.1%品红水溶液，10%鸡蛋清溶液，$(NH_4)_2SO_4$ 饱和溶液，酒精，$1\ mol \cdot L^{-1}\ KSCN$ 溶液，火棉胶。

四、实验内容

1. 半透膜的制备。

取一只洁净烘干的 250 mL 三角烧瓶，倒入约 10 mL 5%火棉胶液。转动三角烧瓶，使火棉胶液在瓶壁形成均匀薄层。倾出多余的火棉胶液,将三角烧瓶倒置于铁圈上,让剩余的火棉胶液流尽,使乙醚挥发,直至用手指轻轻触摸瓶口的火棉胶膜不粘手时,往瓶内注满水,浸泡几分钟,溶去乙醇。倒掉瓶中的水,用手在瓶口小心剥开一部分膜,在剥开处的膜与瓶壁之间慢慢注入蒸馏水,借助水的浮力使膜脱离瓶壁,轻轻取出。在制成的膜袋中加入蒸馏水,观察漏水与否,如不漏水,将其浸泡在蒸馏水中备用。

2. 溶胶的制备。

(1) AgI 负溶胶的制备:在一支试管中装入 5 mL 蒸馏水,加入 1 mL 0.01 mol·L^{-1} KI 溶液,然后在震荡下逐滴加入 0.5 mL 0.01 mol·L^{-1} AgNO$_3$ 溶液,即得 AgI 负溶胶。

(2) AgI 正溶胶的制备:在一支试管中装入 5 mL 蒸馏水,加入 1 mL 0.01 mol·L^{-1} AgNO$_3$ 溶液,然后在震荡下逐滴加入 0.5 mL 0.01 mol·L^{-1} KI 溶液,即得 AgI 正溶胶。

(3) Sb$_2$S$_3$ 溶胶的制备:取 20 mL 0.4%酒石酸锑钾溶液于 50 mL 烧杯中,在不断搅拌下慢慢滴入 3 mL H$_2$S 饱和水溶液,即得 Sb$_2$S$_3$ 负溶胶。

(4) Fe(OH)$_3$ 溶胶的制备:取 50 mL 蒸馏水于 100 mL 烧杯中,加热至沸,在搅拌下滴入 5 mL 0.1 mol·L^{-1} FeCl$_3$ 溶液,继续煮 1～2 分钟,即得 Fe(OH)$_3$ 正溶胶。

3. 溶胶的净化。

把制得的 Fe(OH)$_3$ 溶胶置于半透膜袋内,用线拴住袋口,放在 250 mL 烧杯内用蒸馏水渗析,为加快渗析速度,可以微微加热,半小时换一次蒸馏水,并不断用 AgNO$_3$ 溶液和 KSCN 溶液分别检验渗析水中的 Cl$^-$ 和 Fe^{3+} 离子,直到检测不到 Cl$^-$ 和 Fe^{3+} 离子为止。

4. 溶胶的光学性质——丁铎尔效应。

将装有 AgI 正溶胶和 AgI 负溶胶的试管放到丁铎尔效应箱的孔中,接通电源,从侧面观察丁铎尔效应,另取 NaCl 溶液进行对照。

5. 溶胶的动力学性质——溶胶的聚沉。

(1) 取三支试管,各加入 2 mL Sb$_2$S$_3$ 溶胶,在震荡下分别逐滴加入 0.5 mol·L^{-1} NaCl,0.05 mol·L^{-1} CaCl$_2$ 和 0.005 mol·L^{-1} AlCl$_3$ 电解质溶液,直至出现聚沉现象,记录所需每种电解质的滴数,并说明其原因。

(2) 在一支试管中加入 AgI 正、负溶胶各 2 mL,震荡,观察发生的现象,说明原因。

6. 大分子溶液对溶胶的保护作用。

在两支试管中分别加入 2 mL Sb$_2$S$_3$ 溶胶,其中一支滴加 10 滴 1%的明胶溶液,另一支滴加 10 滴蒸馏水,震荡摇匀,再分别加入 10 滴 0.005 mol·L^{-1} AlCl$_3$ 溶液,比较两个试管出现的现象，说明原因。

7. 蛋白质的盐析作用。

在一支较大的试管中加入 20 滴 10% 的蛋清溶液，再逐滴加入饱和硫酸铵溶液，直至产生沉淀，然后加入 5～6 mL 蒸馏水震荡，观察沉淀是否溶解。

8. 溶胶的电学性质——电泳现象。

取一支干净的 U 形管，注入已净化的 $Fe(OH)_3$ 溶胶至适当位置。取两片长条滤纸，分别卷插于 U 形管两端，离开胶体溶液约 2 mm，再将滤纸条稍加拧卷。准备好后交替滴加蒸馏水于 U 形管两端的纸条上，随液面升高，将纸条适当上提。蒸馏水加到所需体积后，慢慢取出纸条，这样，溶胶和水之间即可出现清晰界面。将电极轻轻插入 U 形管两端的水层中，通过 40 V 直流电约 20 分钟，观察溶胶界面的移动情况，由界面移动的方向判断溶胶胶粒所带电荷的极性。

五、注意事项

1. 在半透膜的制备中，如有漏洞，可用玻璃棒蘸取少量火棉胶液轻轻接触漏洞即可补好。

2. 在 Sb_2S_3 溶胶的制备中，H_2S 的加入量不可过多，否则在聚沉实验时效果不佳。

3. 在 $Fe(OH)_3$ 溶胶的电泳实验中，$Fe(OH)_3$ 溶胶必须事先净化，以除去多余的电解质，否则会影响界面的移动效果。

六、思考题

1. 引起溶胶聚沉的因素有哪些？
2. 为什么根据有无丁铎尔效应即可区分溶胶与真溶液？
3. 如何确定溶胶的正负？

实验七　　酸碱滴定练习

一、目的与要求

1. 掌握容量瓶、滴定管、移液管的使用方法。
2. 掌握 HCl 溶液、NaOH 溶液的配制方法。

二、原理摘要

酸碱滴定(中和滴定)是利用酸与碱的中和反应，测定酸或碱溶液中物质的量浓度的一种定量分析方法。酸碱滴定具有准确、快速、简单的优点，是容量化学分析法常用的方法。

在酸碱滴定中常用的标准溶液是 HCl 和 NaOH 溶液。由于浓盐酸易挥发，氢氧化钠易吸收空气中的水份和二氧化碳，故不能直接配制成准确浓度的溶液，一般先配制成近似浓度，再用基准物质标定。

对基准物质试剂的要求是：① 纯度高，杂质含量少到可以忽略；② 组成恒定并与化学式完全符合；③ 若含结晶水，其含量也应固定不变；④ 性质稳定，在保存或称量过程中组成与重量不变；⑤ 参加反应时按化学反应式定量进行，没有副反应；⑥ 具有较大的分子量。

三、仪器与试剂

仪器：酸式滴定管(25 mL 或 50 mL)，碱式滴定管(25 mL 或 50 mL)，移液管(25 mL)，锥形瓶(250 mL)，试剂瓶(500 mL)，量筒(500 mL，10 mL)，洗耳球。

浓盐酸：约 12 mol·L^{-1}，分析纯；NaOH 固体：分析纯；甲基橙指示剂；酚酞指示剂。

指示剂的配制：(1) 0.1%酚酞指示剂的配制：称取 0.1 g 酚酞溶于 95%乙醇，并加乙醇至 100 mL。(2) 0.05%甲基橙指示剂的配制：称 0.05 g 甲基橙溶于 100 mL 水中。

四、实验内容

1. HCl 溶液(0.1 mol·L^{-1})的配制。

用小量筒量取浓盐酸(浓度约为 12 mol·L⁻¹)4.2~4.5 mL，倒入一洁净并有玻璃塞的试剂瓶中，加蒸馏水稀释至 500 mL，震摇混匀。

2. NaOH 溶液(0.1 mol·L⁻¹)的配制。

计算配制 0.1 mol·L⁻¹ NaOH 溶液 500 mL 所需 NaOH 固体的质量(约 2 g)。称取此质量的 NaOH 置于小烧杯中，加蒸馏水适量使其溶解后，转移至带橡皮塞的试剂瓶中，用过的小烧杯和玻璃棒用蒸馏水洗涤 2~3 次，洗涤液转移至试剂瓶中，用蒸馏水稀释至 500 mL，震摇混匀。

3. 滴定练习。

(1) 用移液管准确移取 25.00 mL 上述 NaOH 溶液(或从碱式滴定管中放出 20~25 mL，准确记录)于 250 mL 洁净的锥形瓶，加入 1 滴甲基橙指示剂，用盐酸溶液滴定至溶液由黄色变橙色即为终点，准确记录消耗 HCl 溶液的体积。重复滴定 3~4 次，分别求出体积比 $V(\text{HCl})/V(\text{NaOH})$，计算其平均值、平均偏差、相对平均偏差。实验数据计入表 3-7-1 中。

(2) 用移液管准确移取 25.00 mL 上述 HCl 溶液(或从酸式滴定管中放出 20~25 mL，准确记录)于 250 mL 洁净的锥形瓶，加 2~3 滴入酚酞指示剂，用 NaOH 溶液滴定至溶液呈粉红色，约 30 秒不褪色即为终点，准确记录消耗 HCl 溶液的体积。重复滴定 3~4 次，分别求出体积比 $V(\text{HCl})/V(\text{NaOH})$，计算其平均值、平均偏差、相对平均偏差。实验数据计入表 3-7-1 中。

表 3-7-1　HCl 溶液与 NaOH 溶液的滴定

序号	$V(\text{NaOH})/\text{mL}$	$V(\text{HCl})/\text{mL}$	$V(\text{NaOH})/V(\text{HCl})$	$\bar{V}(\text{NaOH})/V(\text{HCl})$	$\bar{R}_d/\%$
1					
2					
3					
4					
5					
6					
7					
8					

五、注意事项

1. 接近终点时滴定速度要慢，密切注意溶液颜色的变化。掌握半滴溶液的加入方法。
2. 必须一人完成一次滴定，不可两人或几人同时操作。
3. 记录数据的位数要与滴定管的精度一致，一般要记录到小数点后两位。

六、思考题

1. 为什么移液管和滴定管必须用欲装入的溶液润洗，而锥形瓶却不可用欲吸取的溶液润洗？
2. 酸碱滴定时，为什么总要平行滴定两次甚至三次？
3. 怎样掌握滴定终点？

实验八　食醋中总酸度的测定

一、目的与要求

1. 掌握酸、碱标准溶液的标定方法。
2. 掌握食醋总酸度的测定原理、方法和操作。
3. 掌握使用电光分析天平称取样品的操作方法。

二、原理摘要

标定 HCl：常采用无水碳酸钠作基准物质测定 HCl 溶液的准确浓度。

$$Na_2CO_3 + 2HCl = 2NaCl + CO_2 + H_2O$$

标定 NaOH：常采用草酸或邻苯二甲酸氢钾作基准物质测定 NaOH 溶液的准确浓度。

本实验选用无水 Na_2CO_3 作基准物质，标定 HCl 溶液的准确浓度，甲基橙作指示剂。再用氢氧化钠溶液滴定盐酸溶液，用酚酞作指示剂。由此可计算出 NaOH 溶液的准确浓度。

食醋中的酸主要是醋酸，此外还含有少量其他弱酸。本实验以酚酞为指示剂，用 NaOH 标准溶液滴定，可测出酸的总量，结果按醋酸计算。反应式为

$$NaOH + HAc = NaAc + H_2O$$

$$c(NaOH) \times V(NaOH) = c(HAc) \times V(HAc)$$

$$c(HAc) = \frac{c(NaOH) \times V(NaOH)}{V(HAc)}$$

反应产物为 NaAc，为强碱弱酸盐，则终点时溶液的 pH>7，因此，以酚酞为指示剂。

食醋中醋酸的含量一般为 3%～5%，浓度较大，滴定前要适当稀释，同时也使食醋本身颜色变浅，便于观察终点颜色的变化。

CO_2 的存在会干扰测定，因此，稀释食醋试样用的蒸馏水应经过煮沸。

三、仪器与试剂

仪器：电光分析天平，烧杯，容量瓶，锥形瓶，25 mL 酸式滴定管，25 mL 碱式滴定管，25 mL 移液管。

试剂：白醋，氢氧化钠，酚酞。

四、实验内容

1. HCl 溶液浓度的标定。

参照实验七内容配制浓度近似为 0.1 mol·L^{-1} 的 HCl 溶液。

在电光分析天平上，用差减称量法精密称取在 270～290℃温度下干燥至恒重的基准无水 Na_2CO_3 1.1～1.3 g，置于小烧杯中，加少量蒸馏水溶解，定量转移至 250 mL 容量瓶中，用蒸馏水定容至刻度，摇匀。用移液管吸取 25.00 mL Na_2CO_3 溶液放入锥形瓶中，加 2 滴甲基橙指示剂，用待标定的 HCl 溶液滴定至溶液由黄色突变为橙色即为终点，记录消耗盐酸溶液的体积。重复滴定两次，计算盐酸溶液的准确浓度，要求相对平均偏差≤0.2%。数据记录和运算结果填入表 3-8-1 中。

2. NaOH 溶液浓度的测定。

参照实验七内容配制浓度近似为 0.1 mol·L^{-1} 的 NaOH 溶液。

用移液管移取上述盐酸溶液 25.00 mL 置于 250 mL 锥形瓶中，加 2 滴酚酞指示剂，用 NaOH 溶液滴定至浅红色为终点，记录消耗 NaOH 溶液的体积。利用 HCl 溶液与 NaOH 溶液的体积比以及盐酸溶液的准确浓度即可计算 NaOH 溶液的准确浓度。重复滴定两次，要求相对平均偏差≤0.2%。数据记录和运算结果填入表 3-8-2 中。

3. 食醋中总酸度的测定。

用移液管准确量取白醋 25.00 mL，转移到 250 mL 容量瓶中，加蒸馏水到刻度，配制成稀醋酸溶液。

用移液管吸取 25.00 mL 所配的 HAc 溶液置于 250 mL 锥形瓶中(如果颜色较深，加入 20 mL 蒸馏水稀释)，加入 2 滴酚酞指示剂，用 NaOH 标准溶液滴定至溶液呈微红色，半分钟内不褪色即到达终点，记下所用 NaOH 溶液的体积，重复滴定两次，要求每次所用的 NaOH 溶液体积之差不超过±0.05 mL。如此得到三次满意的结果，最后求出食醋中以 HAc 表示的总酸的百分含量，结果填入表 3-8-3 中。

$$HAc\% = \frac{c(NaOH) \times V(NaOH) \times M(HAc)}{V(HAc) \times 1000 \times \dfrac{25.00}{250.00}} \times 100\% (g \cdot 100\ mL^{-1})$$

表 3-8-1　HCl 溶液浓度的测定

序号	$m(NaCO_3)$/g	$V(HCl)$/mL	$c(HCl)$/mol $\cdot$ L^{-1}	$\bar{c}$ (HCl)/mol $\cdot$ L^{-1}	$\bar{R}_d$/%
1					
2					
3					

表 3-8-2　NaOH 溶液浓度的测定

序号	$V(NaOH)$/mL	$V(NaOH)/V(HCl)$	$c(NaOH)$/mol $\cdot$ L^{-1}	$\bar{c}$ (NaOH)/mol $\cdot$ L^{-1}	$\bar{R}_d$/%
1					
2					
3					

表 3-8-3　食醋中总酸度的测定

序　　号	1	2	3
NaOH 溶液的浓度/mol $\cdot$ L^{-1}			
HAc 溶液的用量/mL			
NaOH 溶液的用量/mL			
HAc%/(g $\cdot$ 100 mL^{-1})			
平均值/(g $\cdot$ 100 mL^{-1})			

五、注意事项

1. 因食醋本身有一定的颜色，而终点颜色又不够稳定，所以滴定近终点时要注意观察和控制。

2. 注意碱滴定管滴定前要赶走气泡，滴定过程中不要形成气泡。

3. NaOH 标准溶液滴定 HAc，属于强碱滴定弱酸，CO_2 的影响严重，注意除去所用碱标准溶液和蒸馏水中的 CO_2。

六、思考题

1. NaOH 标准溶液测定食醋的总酸度时，选用酚酞作指示剂的依据是什么？

2. 测定醋酸含量时，所用的蒸馏水不能有二氧化碳，为什么？NaOH 标准溶液能否含有少量二氧化碳，为什么？

3. 用 NaOH 标准溶液滴定稀释后的食醋试液以前，还要加入较大量的不含二氧化碳的蒸馏水，为什么？

4. 用 Na_2CO_3 标定 $0.1 \ mol \cdot L^{-1}$ HCl 时，为什么要称取 $1.1 \sim 1.3 \ g \ Na_2CO_3$？

实验九　氧化还原反应与电极电势

一、目的与要求

1. 掌握电极电势对氧化还原反应的影响。
2. 了解浓度、酸度对电极电势和氧化还原反应的影响。

二、原理摘要

　　氧化还原反应是两个氧化还原电对之间电子转移的反应，每个电对给出或接受电子的能力取决于该电对电极电势的高低。原电池中所发生的化学反应均是氧化还原反应，其中电极电势高的电对的氧化态是氧化剂，作为原电池的正极，电极电势低的电对的还原态是还原剂，作为原电池的负极。

$$a \text{氧化态} + ne^- \rightleftharpoons g \text{还原态}$$

　　当 $T = 298$ K 时，电极电势的能斯特(Nernst)关系式简写为

$$\varphi = \varphi^{\theta} + \frac{0.05916}{n} \lg \frac{c^a (\text{氧化态})}{c^g (\text{还原态})}$$

式中，φ^{θ} 是标准电极电势，其大小取决于氧化还原电对的本性。此外，浓度、温度、介质的酸度以及沉淀的生成也会对电极电势产生一定的影响。

三、仪器与试剂

　　仪器：电极(铜片和锌片)，导线，砂纸，伏特计，盐桥。
　　试剂：CCl_4，浓氨水，溴水，$1 \text{ mol} \cdot L^{-1} H_2SO_4$，$6 \text{ mol} \cdot L^{-1}$ NaOH，$0.5 \text{ mol} \cdot L^{-1} ZnSO_4$，$0.5 \text{ mol} \cdot L^{-1} CuSO_4$，$0.1 \text{ mol} \cdot L^{-1}$ KI，$0.1 \text{ mol} \cdot L^{-1}$ KBr，$0.1 \text{ mol} \cdot L^{-1} FeCl_3$，$0.1 \text{ mol} \cdot L^{-1}$ $FeSO_4$，$0.1 \text{ mol} \cdot L^{-1} Fe_2(SO_4)_3$，$3\% H_2O_2$，$0.01 \text{ mol} \cdot L^{-1}$ KMnO_4，$0.1 \text{ mol} \cdot L^{-1} Na_2SO_3$，$0.1 \text{ mol} \cdot L^{-1}$ KSCN，$10\% NH_4F$。

四、实验内容

1. 氧化还原反应与电极电势的关系。

(1) 取 3 支试管按表 3-9-1 操作。

表 3-9-1　实验内容及现象和解释(1)

操　　作		现　象	解　释
5 滴 0.1 mol · L^{-1} 的 KI	2 滴 0.1 mol · L^{-1} 的 FeCl$_3$		
5 滴 0.1 mol · L^{-1} 的 KBr	10 滴 CCl$_4$		
10 滴 0.1 mol · L^{-1} 的 FeSO$_4$	5 滴溴水，滴加 0.1 mol · L^{-1} 的 KSCN		

观察实验现象，解释原因，并根据实验结果比较 Br_2/Br^-、I_2/I^-、Fe^{3+}/Fe^{2+} 的电极电势的大小。

(2) 过氧化氢的氧化还原性。

① 氧化性：在试管中加入 5 滴 0.1 mol · L^{-1} 的 KI 和 2 滴 1 mol · L^{-1} 的 H_2SO_4，再加入 2 滴 3% 的 H_2O_2，观察试管中溶液颜色的变化。

② 还原性：在试管中加入 2 滴 0.01 mol · L^{-1} 的 $KMnO_4$ 溶液，再加入 2 滴 1 mol · L^{-1} 的 H_2SO_4，摇匀后滴加 2 滴 3% 的 H_2O_2，观察溶液颜色的变化。

用电极电势解释上述实验现象。

2. 浓度对电极电势及电池电动势的影响。

(1) 往一只 50 mL 小烧杯中加入 20 mL 0.5 mol · L^{-1} 的 $ZnSO_4$ 溶液，在其中插入锌片；往另一只 50 mL 小烧杯中加入 20 mL 0.5 mol · L^{-1} 的 $CuSO_4$ 溶液，在其中插入铜片。用盐桥将两只小烧杯相连，组成一个原电池。用导线将锌片和铜片分别与伏特计的负极和正极相连，测量两极之间的电势差。

(2) 在 $CuSO_4$ 溶液中注入浓氨水至生成的沉淀刚好溶解，形成深蓝色的[$Cu(NH_3)_4$]$^{2+}$溶液，测量电压，观察有何变化？

(3) 另取 0.5 mol · L^{-1} 的 $CuSO_4$ 溶液，再组成一个 Cu-Zn 原电池并在 $ZnSO_4$ 溶液中加入浓氨水至生成的沉淀刚好溶解，形成 [$Zn(NH_3)_4$]$^{2+}$ 溶液，测量两极之间的电势差，又有何变化？并用 Nernst 方程解释实验现象。

3. 浓度对氧化还原反应方向的影响。

取两支试管分别加入 CCl_4 和 $0.1\ mol \cdot L^{-1}$ 的 $Fe_2(SO_4)_3$ 溶液各 10 滴，一支加入 5 滴 $0.1\ mol \cdot L^{-1}$ 的 KI 溶液，震荡后观察 CCl_4 层的颜色；另一支试管中加入 2 mL 10%的 NH_4F 溶液，再加入 5 滴 $0.1\ mol \cdot L^{-1}$ 的 KI 溶液，震荡后观察 CCl_4 层的颜色。与上一实验中 CCl_4 层的颜色有何区别？为什么？写出反应方程式。

4. 酸度对氧化还原反应产物的影响。

取 3 支试管按表 3-9-2 操作，观察实验现象，并解释原因。

表 3-9-2　实验内容及现象和解释(2)

操 作		现 象	解 释
$0.1\ mol \cdot L^{-1}$ 的 Na_2SO_3	3 滴 $1\ mol \cdot L^{-1}$ 的 H_2SO_4	2 滴 $0.01\ mol \cdot L^{-1}$ 的 $KMnO_4$	
	3 滴蒸馏水		
	3 滴 $6\ mol \cdot L^{-1}$ 的 NaOH		

五、注意事项

1. 所有用试管做实验的操作中，每加一种试剂均需充分震荡。
2. 作为电极的锌片和铜片均需事先用砂纸打磨，去掉表面的氧化层。

六、思考题

1. 为什么 H_2O_2 既具有氧化性，又具有还原性？试从电极电势予以说明。
2. 介质对 $KMnO_4$ 的氧化性有何影响？用本实验的事实以及电极电势的概念予以说明。
3. 酸度对 Br_2/Br^-、I_2/I^-、Fe^{3+}/Fe^{2+}、Cu^{2+}/Cu、Zn^{2+}/Zn 电对的电极电势有无影响？为什么？

◇ 小知识

盐 桥 的 制 法

称取 1 g 琼脂，放在 100 mL KCl 饱和溶液中，浸泡一会儿，在不断搅拌下加热煮成糊状，趁热倒入 U 形玻璃管中(管中不能留有气泡，否则会增加电阻)，冷却后即成为盐桥。

实验十　化学反应速率

一、目的与要求

1. 通过化学反应速率的测定确定反应级数，计算反应的速率常数和活化能。
2. 验证反应物浓度、反应温度及催化剂对反应速率的影响。

二、原理摘要

在水溶液中，过二硫酸铵与碘化钾发生以下反应：

$$S_2O_8^{2-} + 3I^- = 2SO_4^{2-} + I_3^- \tag{1}$$

其反应的平均反应速率可表示为：

$$V = \frac{\Delta[S_2O_8^{2-}]}{\Delta t} = k[S_2O_8^{2-}]^m[I^-]^n$$

式中，$\Delta[S_2O_8^{2-}]$ 为 Δt 时间内 $S_2O_8^{2-}$ 的浓度变化；$[S_2O_8^{2-}]$ 和 $[I^-]$ 分别表示反应物 $S_2O_8^{2-}$ 和 I^- 的起始浓度；k 为反应速率常数；m 与 n 之和是反应级数。

为了测定 Δt 时间内 $S_2O_8^{2-}$ 的浓度变化，在将过二硫酸铵溶液和碘化钾溶液混合时，先加入一定体积一定浓度的硫代硫酸钠($Na_2S_2O_3$)溶液和淀粉溶液，这样在反应(1)进行的同时，还进行了以下反应：

$$2S_2O_3^{2-} + I_3^- = S_2O_6^{2-} + 3I^- \tag{2}$$

反应(2)的速率比(1)快得多，几乎瞬间完成，所以由反应(1)生成的 I_3^- 立即与 $S_2O_8^{2-}$ 反应，生成无色的 $S_4O_6^{2-}$ 和 I^-，当 $S_4O_6^{2-}$ 耗尽时，由反应(1)生成的 I_3^- 立即与淀粉作用，使溶液呈现蓝色。

从反应(1)和(2)可以看出，$S_2O_8^{2-}$ 减少的量为 $S_2O_3^{2-}$ 减少量的一半，所以：

$$\Delta[S_2O_8^{2-}] = \frac{\Delta[S_2O_3^{2-}]}{2}$$

当溶液呈现蓝色时，$Na_2S_2O_3$ 已全部耗尽，所以用硫代硫酸钠的起始浓度，即可求得这一时刻过二硫酸铵的浓度变化 $\Delta[S_2O_8^{2-}]$：

$$\Delta\left[S_2O_8^{2-}\right]=\frac{c_{Na_2S_2O_3}}{2}$$

记录反应开始到出现蓝色所用的时间 Δt，就可以由公式 $V=\Delta[S_2O_8^{2-}]/\Delta t$ 计算出反应速率。

对 $V=k[S_2O_8^{2-}]^m[I^-]^n$ 两边取对数得：

$$\lg V=m\lg[S_2O_8^{2-}]+n\lg[I^-]+\lg k$$

当 $[I^-]$ 不变时，以 $\lg V$ 对 $\lg[S_2O_8^{2-}]$ 作图，可得一条直线，斜率为 m。同理，当 $[S_2O_8^{2-}]$ 不变时，以 $\lg V$ 对 $\lg[I^-]$ 作图，可求得 n。$m+n$ 即为反应的级数。再根据 m 和 n 的数据，由公式 $\lg V=m\lg[S_2O_8^{2-}]+n\lg[I^-]+\lg k$ 可求得反应的速率常数 k。

根据公式 $\lg k=A-\dfrac{E_a}{2.303RT}$ (A 为本反应的特征常数，R 为气体常数，T 为反应的绝对温度，E_a 为反应的活化能)，得到不同温度下的 k 值，以 $\lg k$ 对 $1/T$ 作图，可得一条直线，由直线的斜率 $\left(-\dfrac{E_a}{2.303RT}\right)$ 可求得反应的活化能 E_a。

三、仪器与试剂

仪器：量筒(20 mL 4 个，10 mL 2 个)，100 mL 烧杯 6 个，秒表 1 块，100℃温度计 1 只。

试剂：0.2%淀粉，0.2 mol·L^{-1} KI，0.2 mol·L^{-1} KNO$_3$，0.2 mol·L^{-1} (NH$_4$)$_2$SO$_4$，0.01 mol·L^{-1} Na$_2$S$_2$O$_3$，0.2 mol·L^{-1}(NH$_4$)$_2$S$_2$O$_8$，0.2 mol·L^{-1}Cu(NO$_3$)$_2$。

四、实验内容

1. 浓度对反应速率的影响及反应级数的确定。

在室温下，用三个量筒分别量取 20 mL 0.2 mol·L^{-1} KI 溶液、8 mL 0.01 mol·L^{-1} Na$_2$S$_2$O$_3$ 溶液和 2 mL 0.2%淀粉溶液加入到 100 mL 烧杯中，混合均匀。再用另一个量筒量取 20 mL 0.2 mol·L^{-1}(NH$_4$)$_2$S$_2$O$_8$ 溶液，快速加到烧杯中，同时开动秒表计时，并不断搅拌。当溶液刚刚出现蓝色时，立即关停秒表。记录反应所需时间和室温的温度。

用同样的方法按表 3-10-1 的用量进行另外四次实验，分别记录反应所用时间。为了使每次实验中溶液的离子强度和总体积保持不变，不足的量用 0.2 mol·L^{-1} KNO$_3$ 溶液和 0.2 mol·L^{-1} (NH$_4$)$_2$SO$_4$ 溶液补足。

计算各实验中的反应速率并填入表 3-10-1 中，利用表中 I、II 和 III 的数据作 lg$V$～lg[S$_2$O$_8^{2-}$]图，并求出 m，利用 III、IV 和 V 的数据作 lg$V$～lg[I$^-$]图，并求出 n。进一步计算出反应级数和反应的速率常数 k。

2. 温度对反应速率的影响及反应活化能的确定。

按表 3-10-1 实验 IV 的用量，把 KI、Na$_2$S$_2$O$_3$、KNO$_3$ 溶液和淀粉溶液加到 100 mL 的烧杯中，把(NH$_4$)$_2$S$_2$O$_8$ 溶液加到另一个烧杯中，然后，同时把它们放入热水浴中加热升温并不断搅拌。待溶液温度高于室温 10℃时，把(NH$_4$)$_2$S$_2$O$_8$ 溶液倒入混合溶液的烧杯中，同时开动秒表计时，并不断搅拌。当溶液刚出现蓝色时，立即停表，记录反应时间。按同样的方法，利用热水浴在高于室温 20℃ 和 30℃条件下，重复以上实验，记录反应时间。

计算三个温度下的反应速率和速率常数 k，以 lg$k$ 对 1/T 作图，求出反应的活化能 E_a。

3. 催化剂对反应速率的影响。

按表 3-10-1 实验 IV 的用量，把 KI、Na$_2$S$_2$O$_3$、KNO$_3$ 溶液和淀粉溶液加到 100 mL 的烧杯中，再滴加 2 滴 0.2 mol·L^{-1} Cu(NO$_3$)$_2$ 溶液(Cu(NO$_3$)$_2$ 溶液对(NH$_4$)$_2$S$_2$O$_8$ 和 KI 的反应起催化作用)，摇匀，然后迅速加入(NH$_4$)$_2$S$_2$O$_8$ 溶液搅拌。计算此反应的反应速率，并与表 3-10-1 中实验 IV 的数据进行比较。

4. 数据记录。

表 3-10-1　浓度对反应速率的影响及反应级数的确定　　　室温_____℃

实验序号		I	II	III	IV	V
试剂用量	0.2 mol·L^{-1}(NH$_4$)$_2$S$_2$O$_8$ 溶液	5	10	20	20	20
	0.2 mol·L^{-1} KI 溶液	20	20	20	10	5
	0.01 mol·L^{-1} Na$_2$S$_2$O$_3$ 溶液	8	8	8	8	8
	0.2%淀粉溶液	2	2	2	2	2
	0.2 mol·L^{-1} KNO$_3$ 溶液	0	0	0	10	15
	0.2 mol·L^{-1} (NH$_4$)$_2$SO$_4$ 溶液	15	10	0	0	0

实 验 序 号		I	II	III	IV	V
起始浓度 (反应物)	$(NH_4)_2S_2O_8$ 溶液					
	KI 溶液					
	$Na_2S_2O_3$ 溶液					
反应时间 $\Delta t/s$						
$S_2O_8^{2-}$ 的浓度变化 $\Delta[S_2O_8^{2-}]\ mol \cdot L^{-1}$						
反应的平均速率 $V = \dfrac{[S_2O_8^{2-}]}{\Delta t}$						
$\lg[S_2O_8^{2-}]$						
$\lg[I^-]$						
$\lg V$						
反应级数						
反应速率常数 $k = \dfrac{V}{[S_2O_8^{2-}]^m[I^-]^n}$						

表 3-10-2　温度对反应速率的影响及反应活化能的确定

实验编号	VI	VII	VIII
反应温度			
反应时间			
反应速率			
速率常数			
$\lg k$			
活化能 E_a			

五、注意事项

1. 混合溶液时尽可能要快，在溶液倒到一半时开动秒表计时。
2. 反应过程中一定要不断搅拌，刚一出现蓝色，即刻关停秒表。

六、思考题

1. 实验中为什么可以用溶液出现蓝色所需时间长短来计算反应速率？出现蓝色时，反应是否已停止？

2. 在计算反应速率的公式中，若不用 $S_2O_8^{2-}$ 的浓度，而是用 I^- 或 I_3^- 的浓度，则反应速率的值是否一样？反应速率常数的值是否一样？

3. 操作时出现下列情况，对实验结果有何影响？

(1) 取六种试剂的量筒没有分开专用。

(2) 先加 $(NH_4)_2S_2O_8$ 溶液，后加 KI 溶液。

(3) 慢慢加入 $(NH_4)_2S_2O_8$ 溶液。

实验十一　高锰酸钾法测定双氧水中过氧化氢的含量

一、目的与要求

1. 熟悉高锰酸钾溶液的配制与贮存方法。
2. 掌握用 $Na_2C_2O_4$ 标定高锰酸钾溶液的原理、方法与条件。
3. 练习使用自身指示剂确定终点。
4. 掌握高锰酸钾法测定过氧化氢的原理、方法。

二、原理摘要

市售的高锰酸钾常含有二氧化锰等少量杂质，而且高锰酸钾的氧化能力强，易和水中的有机物、空气中的尘埃等还原性物质作用生成 MnO_2 沉淀，MnO_2 加速 $KMnO_4$ 的分解，因此不能用直接法配制准确浓度的高锰酸钾溶液，只能先配成近似浓度的溶液，然后用基准试剂标定。

常用草酸钠在酸性溶液中标定 $KMnO_4$ 溶液，反应如下：

$$2\,MnO_4^- + 5\,C_2O_4^{2-} + 16H^+ = Mn^{2+} + 10\,CO_2 + 8\,H_2O$$

注意温度、酸度、滴定速度、催化剂和指示剂等条件。应将溶液水浴加热至 $75\sim85℃$ 时进行滴定，滴定完毕时，溶液温度不应低于 $55℃$。用硫酸调节酸度，开始时滴定要慢。此处利用反应生成的 Mn^{2+} 作催化剂。可用 MnO_4^- 的颜色作为自身指示剂指示终点。

商品双氧水中 H_2O_2 的含量约 30%，经过稀释后，可在室温下硫酸介质中用高锰酸钾法测定。在酸性溶液中，H_2O_2 还原 MnO_4^-：

$$2\,MnO_4^- + 5\,H_2O_2 + 6H^+ = 2\,Mn^{2+} + 5\,O_2 + 8\,H_2O$$

室温时，滴定开始反应缓慢，随着 Mn^{2+} 的生成而加速。H_2O_2 加热时易分解，因此，滴定时不能加热，通常加入 Mn^{2+} 作催化剂。

三、仪器与试剂

仪器：25 mL 或 50 mL 酸式滴定管 1 根，250 mL 锥形瓶 1 个，10 mL、100 mL 量筒各 1 个，500 mL 棕色试剂瓶 1 个，细孔砂芯漏斗，100 mL 容量瓶 1 个。

试剂：高锰酸钾固体(分析纯)，草酸钠(基准试剂，105℃干燥 1 小时)，硫酸溶液 (6 mol·L^{-1})，过氧化氢(约 30%水溶液，分析纯)。

四、实验内容

1. 高锰酸钾溶液的配制。

称取约 0.4 g 高锰酸钾于烧杯中，加蒸馏水 500 mL，盖上表面皿，加热至沸并保持微沸状态 1 小时。静置 2 日以上，用微孔砂芯漏斗过滤，除去析出的沉淀，滤液置于带玻璃塞的棕色试剂瓶中，置于暗处密闭保存。此溶液浓度约为 0.005 mol·L^{-1}。

2. 高锰酸钾溶液的标定。

准确称取 0.34~0.36 g 草酸钠(预先于 105~110℃干燥 1 小时，冷却后置于干燥器中)，置于锥形瓶中，加蒸馏水 60 mL 和 10 mL 6 mol·L^{-1} 硫酸溶解。然后水浴加热至 75~85℃(瓶口有白色气体冒出，不可用温度计测量)，用滴定管滴加 1~2 滴 KMnO$_4$ 溶液，待高锰酸钾颜色褪后，再继续滴加 KMnO$_4$，滴定速度可稍快，近终点时滴定速度要慢，至溶液呈淡红色并持续 30 秒。终点时溶液温度不能低于 55℃，温度过低可加热后再滴。平行滴定三次，计算 KMnO$_4$ 溶液的浓度和相对平均偏差。测定结果填入表 3-11-1 中。

3. H$_2$O$_2$ 含量测定。

用移液管移取 H$_2$O$_2$ 原试样溶液 1.00 mL 置于 100 mL 容量瓶中，加水稀释至刻度，充分摇匀。用移液管移取稀释后的 H$_2$O$_2$ 25.00 mL 于 250 mL 锥形瓶中，加入 3 mol·L^{-1} H$_2$SO$_4$ 5 mL，用 KMnO$_4$ 标准溶液滴定到溶液呈微红色，半分钟内不褪色即为终点。平行测定三次，计算原试样中 H$_2$O$_2$ 的百分含量 [g·(100 mL)$^{-1}$] 和相对平均偏差。测定结果填入表 3-11-2 中。

4. 数据记录和处理。

计算公式如下：

$$c(\text{KMnO}_4) = \frac{\dfrac{2}{5} \times \dfrac{m(\text{Na}_2\text{C}_2\text{O}_4)}{M(\text{Na}_2\text{C}_2\text{O}_4)} \times 1000}{V(\text{KMnO}_4)}$$

$$w(\mathrm{H_2O_2}) = \frac{5 \times c(\mathrm{KMnO_4}) \times V(\mathrm{KMnO_4}) \times M(\mathrm{H_2O_2})}{2 \times V(\mathrm{H_2O_2}) \times 1000} \times 100\% \qquad (\mathrm{g \cdot 100mL^{-1}})$$

表 3-11-1　标定 KMnO₄ 溶液的浓度

序　号	1	2	3
$m(\mathrm{Na_2C_2O_4})$/g			
$V(\mathrm{KMnO_4})$/mL			
$c(\mathrm{KMnO_4})$/mol · L^{-1}			
$\bar{c}\,(\mathrm{KMnO_4})$/mol · L^{-1}			
$\bar{R}_\mathrm{d}$/%			

表 3-11-2　H₂O₂ 含量测定

序　号	1	2	3
$\bar{c}\,(\mathrm{KMnO_4})$/mol · L^{-1}			
$V(\mathrm{KMnO_4})$/mL			
H₂O₂%			
$\overline{\mathrm{H_2O_2}}$ %			
$\bar{R}_\mathrm{d}$/%			

五、注意事项

1. 蒸馏水通常含一些能够还原高锰酸钾的有机化合物，因此必须用新煮沸并冷却的蒸馏水。

2. 光能加速高锰酸钾的分解，因此高锰酸钾溶液必须保存在棕色瓶中，并置于阴暗处7～10天，待浓度稳定后再使用。

3. 反应速率较慢，滴定不能太快。

4. 终点时溶液温度不能低于 55℃。

5. 草酸钠不能直接加热，需用水浴加热至 75～85℃。

6. 高锰酸钾标准溶液需在使用前一星期制备。如果溶液中有固体物质产生，需过滤后重新标定。

7. H_2O_2 样品若是工业产品，应采用碘量法进行测定。因为产品中常加有少量乙酰苯胺等有机物作稳定剂。

六、思考题

1. 配制高锰酸钾溶液时应注意什么？

2. 为什么溶液要用硫酸调节 pH？能使用盐酸或硝酸代替硫酸吗？

3. 用草酸钠标定高锰酸钾溶液时，滴定需在什么条件下进行？

4. 为什么含有乙酰苯胺等有机物作稳定剂的过氧化氢样品不能用高锰酸钾法测定？

5. 用高锰酸钾法测定 H_2O_2 时，为何不能通过加热来加速反应？

实验十二　水的硬度测定

一、目的与要求

1. 学会 EDTA 标准溶液的配制和标定方法。
2. 了解水的硬度的测定意义和常用的硬度表示方法。
3. 掌握水的总硬度及 Ca^{2+}、Mg^{2+} 含量的测定方法及计算方法。

二、原理摘要

乙二胺四乙酸(简称 EDTA)难溶于水，在分析中常用其二钠盐配制标准溶液。乙二胺四乙酸二钠盐不易得到纯品，一般采用间接法配制标准溶液。标定 EDTA 的基准试剂有纯锌、铜、氧化锌、碳酸钙等。一般为减小误差、提高分析结果的准确度，尽可能做到标定条件和测定条件一致。本实验以 $CaCO_3$ 为基准试剂标定 EDTA。滴定在 $pH \approx 10$ 氨性缓冲溶液中进行，铬黑 T 为指示剂，终点溶液由酒红色变为纯蓝色。

水的硬度主要是指水中含有可溶性的钙盐和镁盐的量。此种盐类含量多的水称为硬水，含量较少的则称为软水。取一定量的水样，调节 $pH \approx 10$，以铬黑 T 为指示剂，用 EDTA 标准溶液滴定，此时测得的是水的总硬度，即水中 Ca^{2+}、Mg^{2+} 的总量。

我国常用的水的总硬度表示方法有两种：① 将测得的 Ca^{2+}、Mg^{2+} 折算成 $CaCO_3$ 的重量，以每升水中含有 $CaCO_3$ 的毫克数表示硬度，$1\,mg\ CaCO_3/L$ 可写作 $1\,ppm$。② 将测得的 Ca^{2+}、Mg^{2+} 折算成 CaO 的重量，以每升水中含 $10\,mg\ CaO$ 为 1 度，表示水的硬度。

滴定反应为：

滴定前：
$$Mg^{2+} + HIn^{2-} = MgIn^- + H^+$$

$$\text{蓝色} \qquad \text{酒红色}$$

滴定过程：
$$Ca^{2+} + H_2Y^{2-} = CaY^{2-} + 2H^+$$
$$Mg^{2+} + H_2Y^{2-} = MgY^{2-} + 2H^+$$

滴定终点：
$$MgIn^- + H_2Y^{2-} = MgY^{2-} + HIn^{2-} + H^+$$

$$\text{酒红色} \qquad\qquad\qquad \text{蓝色}$$

取与测总硬度时相同量的水样，调节 pH≈12～13，此时 Mg^{2+} 以 $Mg(OH)_2$ 沉淀，不再参与 EDTA 的反应，以钙指示剂为指示剂，用 EDTA 标准溶液滴定，此时测得的是水中 Ca^{2+} 的含量，即水的钙硬度。利用上述测总硬度与钙硬度时滴定消耗的 EDTA 的体积之差，可以计算得到水中 Mg^{2+} 的含量，即水的镁硬度。

三、仪器与试剂

仪器：25 mL 或 50 mL 酸式滴定管 1 根，250 mL 容量瓶 1 个，25 mL 移液管 1 个，10 mL、100 mL 量筒各 1 个，250 mL 锥形瓶 3 个，50 mL、250 mL 烧杯各 1 个。

试剂：

乙二胺四乙酸二钠盐($Na_2H_2Y \cdot 2H_2O$)：分析纯。

$CaCO_3$ 基准物质：120℃干燥至恒重。

氨试液：40 mL 浓氨水加水到 100 mL。

$NH_3 \cdot H_2O$-NH_4Cl 缓冲液(pH=10)：取 54 g NH_4Cl 溶于水中，加氨试液 350 mL，用水稀释至 1000 mL。

NaOH 溶液：100 g/L 水溶液。

铬黑T指示剂通常可用两种方法配制：① 取 0.1 g 铬黑T与磨细的干燥 NaCl 10 g 研匀，配成固体混合剂，保存在干燥器中，用时挑取少许即可；② 取 0.2 g 铬黑T溶于 15 mL 三乙醇胺中，待完全溶解后，加入 5 mL 无水乙醇即可(此溶液可在数月内不变质，如单用乙醇配制，则只能使用 2～3 天即失效)。

钙指示剂：与无水 Na_2SO_4 按 1∶100 质量比混合，研磨均匀，置于棕色瓶中，放在干燥器内保存。

四、实验内容

1. EDTA 标准溶液的配制。

取 $Na_2H_2Y \cdot 2H_2O$ 约 2 g、$MgSO_4 \cdot 7H_2O$ 约 0.1 g 加蒸馏水 500 mL 使其溶解，摇匀，贮存于硬质玻璃瓶中。此溶液 EDTA 的浓度约为 0.01 $mol \cdot L^{-1}$。

2. EDTA 标准溶液的标定。

(1) $CaCO_3$ 标准溶液的配制。

精密称取 0.2～0.25 g 已在 120℃灼烧至恒重的基准物质 $CaCO_3$ 置于小烧杯中，加少量蒸馏水湿润，盖上表面皿，慢慢滴加 6 $mol \cdot L^{-1}$ 盐酸 2 mL，直至完全溶解，加蒸馏水约 5 mL，加热至沸。用蒸馏水冲洗烧杯和表面皿内壁，然后定量转移至 250 mL 容量瓶中，加水稀释至刻度，摇匀。

(2) EDTA 标准溶液的标定。

用 25 mL 移液管吸取 25.00 mL $CaCO_3$ 标准溶液于锥形瓶中，加蒸馏水 25 mL，加 10 mL $NH_3 \cdot H_2O$-NH_4Cl 缓冲液(pH = 10)，加 3~4 滴铬黑 T 指示剂，摇匀。用 EDTA 标准溶液滴定，至溶液由酒红色突变为纯蓝色即为终点，记录消耗的 EDTA 溶液的体积。重复标定两次，计算 EDTA 标准溶液的准确浓度及相对平均偏差。试验数据填入表 3-12-1 中。

3. 水的总硬度的测定。

用移液管量取水样 75.00 mL 置于 250 mL 锥形瓶中，加 6 mol·L^{-1} HCl 数滴酸化，煮沸数分钟。冷却后，加入 5 mL 三乙醇胺(掩蔽 Fe^{3+}、Al^{3+}等)、10 mL $NH_3 \cdot H_2O$-NH_4Cl 缓冲液、1 mL Na_2S(掩蔽 Cu^{2+}、Zn^{2+}、Pb^{2++}等)、3~4 滴铬黑 T 指示剂，用 EDTA 标准溶液滴定，溶液由酒红色转变为纯蓝色即达终点。记录用去 EDTA 标准溶液的体积 V_1。重复测定三次，计算水的总硬度。试验数据填入表 3-12-2 中。

4. 水中 Ca^{2+}、Mg^{2+}的测定。

用移液管移取 75.00 mL 水样置于 250 mL 锥形瓶中，加 6 mol·L^{-1} HCl 数滴酸化，煮沸数分钟。冷却后，加入 5 mL 三乙醇胺和 10 mL 100 g/L 的 NaOH 溶液，使 Mg^{2+}沉淀为 $Mg(OH)_2$，再加约 30 mg 钙指示剂，用 EDTA 标准溶液滴定，溶液由酒红色转变为纯蓝色即达终点。重复测定三次，记录用去 EDTA 标准溶液的体积 V_2，分别计算水样中 Ca^{2+}、Mg^{2+}的含量(mg/L)。试验数据填入表 3-12-3 中。

5. 数据记录与处理。

计算公式如下：

$$c(\text{EDTA}) = \frac{m(CaCO_3)}{M(CaCO_3)} \times \frac{25.00}{250.0} \times \frac{1000}{V(\text{EDTA})} \quad (\text{mol·}L^{-1})$$

$$w(CaCO_3) = \frac{c(\text{EDTA}) \cdot V_1 \cdot M(CaCO_3)}{V_{水样}} \times 1000 \quad (\text{mg/L 或 ppm})$$

$$w(Ca) = \frac{c(\text{EDTA}) \cdot V_2 \cdot M(Ca)}{V_{水样}} \times 1000 \quad (\text{mg/L})$$

$$w(Mg) = \frac{c(\text{EDTA}) \cdot (V_1 - V_2) \cdot M(Mg)}{V_{水样}} \times 1000 \quad (\text{mg/L})$$

表 3-12-1　EDTA 溶液浓度标定　　　　　$m(CaCO_3)=$ _____ g

序　号	1	2	3
$V(CaCO_3)/mL$			
$V(EDTA)/mL$			
$c(EDTA)/mol \cdot L^{-1}$			
$\overline{c}(EDTA)/mol \cdot L^{-1}$			
$\overline{R}_d/\%$			

表 3-12-2　水的总硬度测定

序　号	1	2	3
$V(水)/mL$			
$V_1(EDTA)/mL$			
$c(EDTA)/mol \cdot L^{-1}$			
$w(CaCO_3)/ppm$			
$\overline{w}(CaCO_3)/ppm$			
$\overline{R}_d/\%$			

表 3-12-3　水中 Ca^{2+}、Mg^{2+} 测定

序　号	1	2	3
$V(水)/mL$			
$V_2(EDTA)/mL$			
$w(Ca^{2+})/mg \cdot L^{-1}$			
$\overline{w}(Ca^{2+})/mg \cdot L^{-1}$			
$\overline{R}_d/\%$			
$w(Mg^{2+})/mg \cdot L^{-1}$			
$\overline{w}(Mg^{2+})/mg \cdot L^{-1}$			
$\overline{R}_d/\%$			

五、注意事项

1. $Na_2H_2Y \cdot 2H_2O$ 溶解慢，必要时可稍加热，以加快溶解。若有少量残渣，可过滤除去。

2. EDTA 标准溶液应贮存于硬质玻璃瓶中，避免 EDTA 与玻璃中的金属离子作用。如用聚乙烯瓶贮存更好。

3. 配位反应进行的速度较慢，故滴定时加入 EDTA 溶液的速度不能太快，在室温低时尤要注意。特别是近终点时，应逐滴加入，并充分震摇。

4. 配位滴定中，加入指示剂的量是否适当对于终点的观察十分重要，宜在实践中总结经验，加以掌握。

5. 近终点时充分震摇，滴定速度放慢。

六、思考题

1. $Na_2H_2Y \cdot 2H_2O$ 的基本性质怎样？为什么不用 EDTA 酸来配制标准溶液？

2. 为什么在滴定前要加 $NH_3 \cdot H_2O$-NH_4Cl 缓冲液？

3. 什么叫水的硬度？水的硬度常用哪几种方法表示？

4. 用 EDTA 法测定水的硬度时，哪些离子的存在有干扰？如何消除？

5. 测定水的硬度时，加入氨性缓冲液的目的何在？当水样的硬度较大时，加入氨性缓冲液后可能会出现什么异常现象？应如何处理？

实验十三　配合物的性质实验

一、目的与要求

1. 了解配离子的形成及其与简单离子的区别。
2. 从配离子解离平衡的移动进一步了解稳定常数的意义。
3. 理解配位平衡的移动。
4. 了解螯合物的形成及特点。

二、原理摘要

配离子在水溶液中存在配位平衡，如$[Cu(NH_3)_4]^{2+}$在水溶液中存在：

$$Cu^{2+} + 4NH_3 = [Cu(NH_3)_4]^{2+}$$

$$K_S = \frac{[Cu(NH_3)_4^{2+}]}{[Cu^{2+}][NH_3]^4}$$

K_S越大，配离子越稳定，解离的趋势越小。在配离子溶液中加入某种沉淀剂或某种能与中心原(离)子配位形成更稳定的配离子的配位剂时，配位平衡将发生移动，生成沉淀或更稳定的配离子。

当溶液的酸度增大时，若配离子是由易得质子的配位体组成，将使配位平衡发生移动，配离子解离。

中心原(离)子与配位体形成稳定的具有环状结构的配合物，称为螯合物。常用于鉴定金属离子，如Ni^{2+}离子的鉴定反应就是利用Ni^{2+}离子与丁二酮肟在弱碱性条件下反应，生成玫瑰红色螯合物。

$$Ni^{2+} + 2 \begin{array}{c} CH_3-C=N-OH \\ CH_3-C=N-OH \end{array} + 2NH_3H_2O \rightleftharpoons \begin{array}{c} CH_3-C=N \\ CH_3-C=N \end{array} Ni \begin{array}{c} N=C-CH_3 \\ N=C-CH_3 \end{array} \downarrow + 2NH_4^+ + 2H_2O$$

三、仪器与试剂

试剂：0.1 mol·L^{-1} $CuSO_4$，2 mol·L^{-1} $NH_3·H_2O$，0.1 mol·L^{-1} KI，0.1 mol·L^{-1} $HgCl_2$，0.1 mol·L^{-1} $FeCl_3$，0.1 mol·L^{-1} KSCN，0.1 mol·L^{-1} NaF，0.1 mol·L^{-1} $AgNO_3$，2 mol·L^{-1} NaOH，0.1 mol·L^{-1} Na_2S，0.1 mol·L^{-1} NaOH，0.1 mol·L^{-1} EDTA，1 mol·L^{-1} H_2SO_4，饱和 $(NH_4)_2C_2O_4$，0.1 mol·L^{-1} $K_3[Fe(CN)_6]$，CCl_4，4 mol·L^{-1} NH_4F，0.1 mol·L^{-1} $Ni(NO_3)_2$，丁二酮肟溶液，乙醇。

四、实验内容

1. 配合物的制备。

(1) 含配阳离子的配合物。往试管中加入约 2 mL 0.1 mol·L^{-1} $CuSO_4$，逐滴加入 2 mol·L^{-1} $NH_3·H_2O$，直至最初生成的沉淀溶解。注意沉淀和溶液的颜色。向此溶液中加入约 4 mL 乙醇(以降低配合物在溶液中的溶解度)，观察深蓝色 $[Cu(NH_3)_4]SO_4$ 结晶的析出。过滤，弃去滤液。在漏斗颈下面接一支试管，然后慢慢逐滴加入 2 mol·L^{-1} $NH_3·H_2O$ 于晶体上，使之溶解(约需 2 mL $NH_3·H_2O$，太多会使制得的溶液太稀)。保留此溶液供下面的实验使用。

(2) 含配阴离子的配合物。往试管中加入 3 滴 0.1 mol·L^{-1} $HgCl_2$(有毒)，逐滴加入 0.1 mol·L^{-1} KI，边加边摇，直到最初生成的沉淀完全溶解。观察沉淀及溶液的颜色。

2. 配位平衡及其移动。

(1) 往试管中加入 2 滴 0.1 mol·L^{-1} $FeCl_3$，加水稀释成近无色，加入 2 滴 0.1 mol·L^{-1} KSCN，观察溶液的颜色。逐滴加入 0.1 mol·L^{-1} NaF 又有何变化？

(2) 取一支试管加入 20 滴 0.1 mol·L^{-1} $AgNO_3$，然后逐滴加入 2 mol·L^{-1} $NH_3·H_2O$，直至最初生成的沉淀溶解，再多加 3~5 滴(以稳定 $Ag(NH_3)_2^+$)。

将上面所得溶液分盛在两支试管中,分别加入 3 滴 $2\ mol \cdot L^{-1}$ NaOH 和 $0.1\ mol \cdot L^{-1}$ KI,观察有何不同变化。

(3) 把步骤 1 的(1)中所得的[$Cu(NH_3)_4$]SO_4 溶液分别装在四支试管中,分别加入 2 滴 $0.1\ mol \cdot L^{-1}$ Na_2S、2 滴 $0.1\ mol \cdot L^{-1}$ NaOH、3~5 滴 $0.1\ mol \cdot L^{-1}$ EDTA 及数滴 $1\ mol \cdot L^{-1}$ H_2SO_4,观察沉淀的形成和溶液的颜色。

(4) 在一支试管中加入 1 滴 $0.1\ mol \cdot L^{-1}$ $FeCl_3$ 与 10 滴饱和$(NH_4)_2C_2O_4$,然后加 1 滴 $0.1\ mol \cdot L^{-1}$ KSCN,再逐滴加入 1∶1 H_2SO_4。

总结(1)、(2)、(3)和(4)观察到的实验现象,指出哪些因素可以影响配离子的配位平衡。

3. 简单离子与配离子的区别。

(1) 取两支试管各加入 10 滴 $0.1\ mol \cdot L^{-1}$ $FeCl_3$,然后向第一支试管中加入 10 滴 $0.1\ mol \cdot L^{-1}$ Na_2S,边滴边摇。

向第二支试管中加入 3 滴 $2\ mol \cdot L^{-1}$ NaOH,震荡。分取两支试管,用 $0.1\ mol \cdot L^{-1}$ $K_3[Fe(CN)_6]$代替 $FeCl_3$ 进行实验。观察与前面的实验有何不同现象。

(2) 在试管中加入 5 滴 $0.1\ mol \cdot L^{-1}$ $FeCl_3$,再滴加 $0.1\ mol \cdot L^{-1}$ KI 至出现红棕色,然后加入 20 滴 CCl_4 震荡。观察 CCl_4 层的颜色。

另取一支试管,加入 5 滴 $0.1\ mol \cdot L^{-1}$ $FeCl_3$,再加入 $4\ mol \cdot L^{-1}$ NH_4F 至溶液变为近无色,然后加入 3 滴 $0.1\ mol \cdot L^{-1}$ KI,摇匀,观察溶液的颜色。再加入 20 滴 CCl_4 震荡,CCl_4 层为何颜色?为什么?

总结(1)、(2)的实验结果,说明为什么简单离子与配离子之间在性质上有明显差别?

4. 螯合物的形成。

在一支试管中加入 5 滴 $0.1\ mol \cdot L^{-1}$ $Ni(NO_3)_2$ 溶液,观察溶液的颜色。逐滴加入 $2\ mol \cdot L^{-1}$ $NH_3 \cdot H_2O$,每加一滴都要充分震荡,并嗅其氨味,如果嗅不出氨味,再加入第二滴,直至出现氨味,并注意观察溶液颜色。然后滴加 5 滴丁二酮肟溶液,摇动,观察玫瑰红色结晶的生成。

将以上实验中观察到的现象加以解释,并填入表 3-13-1 中。

表 3-13-1　实验现象及解释

序　号	现　象	解　释	方　程　式
1. (1)			
(2)			
2. (1)			
(2)			
(3)			
(4)			
结论			
3. (1)			
(2)			
结论			
4.			

五、注意事项

1. 及时记录实验过程中配合物的特征颜色。

2. 节约药品，废液倒入废液缸。

六、思考题

1. 配离子与简单离子有何区别？如何证明？

2. 向 $Ni(NO_3)_2$ 溶液中滴加 $NH_3 \cdot H_2O$，为什么会发生颜色变化？加入丁二酮肟又有何变化？说明了什么？

3. 通过实验总结影响配位平衡移动的因素。

实验十四　分光光度法测定铁的含量

一、目的与要求

1. 掌握分光光度法测定铁的基本原理和方法。
2. 掌握吸收曲线和标准曲线的绘制方法。
3. 了解 721 型分光光度计的构造原理，并掌握正确的使用方法。

二、原理摘要

　　对于可见光范围内的分光光度分析，若被测组分本身有色，则可直接测定吸光度。若被测组分本身无色或颜色较浅，则可利用显色剂与其反应，使之生成有色物质，然后根据朗伯-比尔定律进行分光光度分析。朗伯-比尔定律如下：

$$A = \varepsilon bc$$

式中，ε 为吸光物质的摩尔吸光系数$(mol \cdot L^{-1} \cdot cm^{-1})$；$b$ 为吸光物质的液层厚度(cm)；c 为吸光物质的浓度$(mol \cdot L^{-1})$。当入射光波长、温度及液层厚度一定时，有

$$A = Kc$$

式中，K 与物质的性质、入射光波长、溶剂及温度有关，当这些条件一定时，K 是常数，即在一定条件下，吸光度与溶液的浓度成正比。

　　在一定波长单色光(一般为最大吸收波长 λ_{max}，通过绘制吸收曲线可以找到 λ_{max})照射下，采用相同厚度的比色皿，分别测出一系列不同浓度标准溶液的吸光度。以标准溶液的浓度为横坐标、吸光度为纵坐标作图，得标准曲线。按同样条件测未知溶液的吸光度，可根据标准曲线求得被测溶液的浓度。

　　Fe^{3+}的水溶液颜色很浅，不宜直接测定。Fe^{3+}与磺基水杨酸在不同的 pH 溶液中生成组成和颜色均不同的配合物。磺基水杨酸的结构式如下：

磺基水杨酸可用符号 NaHSal 表示。磺基水杨酸与 Fe^{3+} 在不同酸度下反应形成的配离子及其颜色列于表 3-14-1 中。

表 3-14-1　磺基水杨酸与 Fe^{3+} 形成的配离子

溶液 pH	配离子组成	配离子颜色
1.8～2.5	$[Fe(Sal)]^+$	褐红色
4～8	$[Fe(Sal)_2]^-$	橙色
8～11.5	$[Fe(Sal)_3]^{3-}$	黄色

本实验选用生成黄色的配合物进行测定，用 10%氨水控制溶液的 pH，Ca^{2+}、Mg^{2+}、Cl^-、SO_4^{2-} 及少量的 Al^{3+} 等均无干扰。

三、仪器与试剂

仪器：721 型分光光度计 1 台，50 mL 容量瓶 8 个，刻度吸管(2 mL 2 支，5 mL 3 支)。

试剂：10%磺基水杨酸溶液，10%氨水，未知铁盐溶液(含铁约 100～200 mg·L^{-1})。

标准铁溶液(含铁 100.0 mg·L^{-1})：准确称取 0.8634 g 分析纯的 $NH_4Fe(SO_4)_2$·$12H_2O$ 置于烧杯中，加入 20 mL 6 mol·L^{-1}HCl 溶液和少量水，溶解后转移至 1 L 容量瓶中，以水稀释至刻度，摇匀备用。

四、实验内容

1. 吸收曲线的绘制。

取两个 50 mL 容量瓶，用刻度吸管精确移取 4.00 mL 100.0 mg·L^{-1} 标准铁溶液，置于其中一个容量瓶中，然后加入 5 mL10%磺基水杨酸，滴加 10%氨水至溶液显黄色后，再加 5 mL10%氨水；另一个只加入 5 mL10%磺基水杨酸，5 mL10%氨水。二者均加水稀释至刻度，摇匀。前者作为测定溶液，后者作为空白溶液。

将测定溶液和空白溶液分别倒入 1 cm 比色皿中，置于 721 型分光光度计中，转动"波长"旋钮至"测量波长"。将空白溶液置于光路中，打开暗箱盖子，调节"0"旋钮至透光率为 0；盖上暗箱盖子，调节"100%"旋钮至透光率为 100，即空白溶液的吸光度为 0。反复调节几次至仪器稳定。然后将测定溶液置于光路中，读取测定溶液的吸光度 A。测量波长分别为 400 nm、410 nm、415 nm、418 nm、420 nm、422 nm、425 nm、430 nm、440 nm，读取每个测量波长下的吸光度，以吸光度为纵坐标、波长为横坐标绘制吸收曲线，从曲线上选择测量铁的适宜波长(一般选用最大吸收波长 λ_{max})。注意：每个波长下都要用空白溶液调节透光率为 100 后再读取测定溶液的吸光度。

2. 标准曲线的制作。

在 7 个 50 mL 容量瓶中，用刻度吸管分别加入 0.00 mL、0.50 mL、1.00 mL、1.50 mL、2.00 mL、2.50 mL、3.00 mL 100.0 mg·L^{-1} 标准 Fe^{3+} 溶液，然后分别加入 5 mL 10%磺基水杨酸，滴加 10%氨水至溶液显黄色后，再加 5 mL 10%氨水，分别加水稀释至刻度，摇匀。以不加 Fe^{3+} 的容量瓶中的溶液为参比溶液，在所选择的波长下，用 1 cm 比色皿测定各溶液的吸光度。以标准 Fe^{3+} 的浓度为横坐标、吸光度为纵坐标绘制标准曲线。数据填入表 3-14-2 中。

3. 试样溶液的测定。

在 3 个 50 mL 容量瓶中，分别加入一定量的待测 Fe^{3+} 溶液，按与标准曲线相同的方法显色并测定吸光度，从标准曲线上求得试样中铁的含量，计算铁的平均含量(以 mg·L^{-1} 表示)。

4. 数据记录与处理。将实验数据及处理结果填入表 3-14-2 中。

表 3-14-2　标准曲线法测定铁的含量

序　号	1	2	3	4	5	6	7
标准 Fe^{2+} 溶液/mL							
Fe^{2+} 含量/(mg·L^{-1})							
吸光度 A							
待测 Fe^{2+} 溶液/mL							
待测溶液吸光度 A							
待测 Fe^{2+} 含量/(mg·L^{-1})							
平均值/(mg·L^{-1})							

五、注意事项

待测液的显色和测量条件必须与标准系列的显色和测量条件完全一致。

六、思考题

1. 吸收曲线和标准曲线有何不同？怎样绘制这两种曲线？
2. 在光度法中，用磺基水杨酸测定 Fe^{3+} 含量时，为什么要加氨水？
3. 如果试液的吸光度不在标准曲线的线性范围内怎么办？

◇ 小知识

721 型分光光度计

1. 721 型分光光度计的构造和性能

721 型分光光度计(如图 3-14-1 所示)用于可见光范围内($360 \sim 800\,nm$)的定量分析。721 型分光光度计的光源为钨丝白炽灯，棱镜作单色器，采用自准式光路，用 GD-7 型真空光电管作为光电转换元件，以场效应管作放大器，用微安表作为读数器。该仪器有较高的灵敏度，可测微弱的光电流变化。

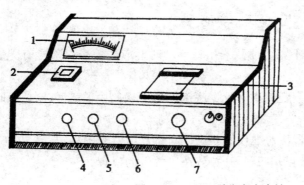

1—读数器；

2—波长读数窗口；

3—吸收池暗箱盖；

4—波长调节；

5—"0"透光率调节；

6—"100"透光率调节；

7—灵敏度选择

图 3-14-1　721 型分光光度计

2. 721 型分光光度计的安置与使用

使用 721 型分光光度计的注意事项：

(1) 仪器应安放在干燥的房间，放置在坚固平稳的工作台上，室内照明不宜过强。

(2) 初用仪器前，应先认真阅读说明书，了解仪器的构造和各个旋钮的功能。

(3) 接通电源前，先将各旋钮调节至起始位置，然后再打开电源开关。仪器预热时间为 20 分钟。

(4) 接通电源后，开启吸收池的暗箱盖，选择需用的单色波长，灵敏度选择参照注意事项(5)，调节"0"旋钮，使读数器指针指向透光率 0，然后将吸收池的暗箱盖合上，比色皿座处于蒸馏水(或空白试剂溶液)校正位置，使光电管受光，旋转"100%"旋钮，使读数器指针指在透光率 100。

(5) 仪器的放大灵敏度分为五挡，从 1 至 5 逐步增加。其选择原则是：在保证仪器空白挡良好调到"100%"的情况下，尽量采用较低挡，这样仪器将有更高的稳定性。一般都放置于"1"。当改变灵敏度后，需按注意事项(4)重新校正"0"和"100%"。

(6) 预热后，按注意事项(4)连续调整几次"0"和"100%"，仪器即可用于测定。

(7) 如果需要大幅度改变测试波长，在调整"0"和"100%"后，必须稍等片刻(因钨灯在急剧改变亮度后需要一段热平衡时间)，当指针稳定后，再重新调整"0"和"100%"，即可使用。

(8) 要根据溶液浓度选择比色皿的光径长度，使读数器读数处于 0.1～0.8 的吸光度范围内，以保证测定结果的准确度。

3. 721 型分光光度计的维护

(1) 为确保仪器稳定工作，在电压波动较大的环境下，220 V 电源要预先稳压。建议用 220 V 磁饱和稳压器或电子稳压器一只。

(2) 仪器要良好接地。

(3) 仪器如无输入、灯泡不亮、读数器指针不动时，应先检查保险丝有无烧损，然后检查线路。

(4) 为了保证仪器干燥，应定期烘干仪器底部两只干燥筒中的硅胶(比色皿暗箱中硅胶同时烘干)。

(5) 天热时不能用电风扇直接对准仪器吹风，防止灯泡发光不稳定。

(6) 仪器停止工作时必须切断电源，开关放在"关"的位置。

实验十五　维生素 B_{12} 注射液的含量测定

一、目的与要求

1. 掌握紫外-可见分光光度计的操作方法。
2. 掌握吸光系数法的定量方法。
3. 掌握含量测定、标示量的百分含量及稀释度等计算方法。

二、原理摘要

维生素 B_{12} 是一类含钴的卟啉类化合物,具有很强的生血作用,可用于治疗恶性贫血等疾病。维生素 B_{12} 又称为钴胺素或氰钴胺,为深红色晶体,制成的注射液一般常见有三种规格,即含维生素 B_{12} 为 $50\,mg \cdot mL^{-1}$、$100\,mg \cdot mL^{-1}$ 或 $500\,mg \cdot mL^{-1}$,本实验中选用的是 $100\,mg \cdot mL^{-1}$ 规格的注射液。

维生素 B_{12} 的水溶液在 $(278\pm1)\,nm$、$(361\pm1)\,nm$ 与 $(550\pm1)\,nm$ 三波长处有最大吸收。$361\,nm$ 处的吸收峰干扰因素较少,药典规定以 $(361\pm1)\,nm$ 处吸收峰的比吸光系数 E 值(207)为测定注射液实际含量的依据。

按照比吸光系数的定义,每 $100\,mL$ 含 $1\,g$(即 $1\,g/100\,mL$)维生素 B_{12} 的溶液(1%)在 $361\,nm$ 的吸光度应为 207,即

$$E(361\,nm)=207(100\,mL/g \cdot cm)$$

也就是 B_{12} 的浓度为 $1\,g/100\,mL = 1000\,mg/100\,mL = 10\,mg/mL = 10000\,\mu g \cdot mL^{-1}$ 时,吸光度为 207,则 B_{12} 的浓度为 $1\,\mu g \cdot mL^{-1}$ 时的吸光度为

$$207\times10^{-4}=2.07\times10^{-2}$$

所以

$$1 : 2.07\times10^{-2} = c_{样} : A_{样}$$

$$c_{样} = \frac{A_{样}}{2.07\times10^{-2}} = A_{样}\times48.31\ (\mu g/mL)$$

原样品中 B_{12} 的含量($\mu g \cdot mL^{-1}$)需要乘以稀释倍数。

$$维生素\ B_{12}\ 标示量(\%) = \frac{测得量}{标示量} \times 100\%$$

三、仪器与试剂

仪器：UV-754 型紫外-可见分光光度计，石英比色皿，吸量管(5 mL)，容量瓶(10 mL)。

试剂：维生素 B_{12} 注射液(100 mg $\cdot mL^{-1}$)。

四、实验内容

1. 维生素 B_{12} 吸收曲线。

用 UV-754 型紫外-可见分光光度计对维生素 B_{12} 注射液进行扫描,扫描波长范围 200～780 nm。

2. 比色皿的校准。

将两只石英比色皿编号标记，装入蒸馏水，在 361 nm 处比较两只比色皿的透光率。以透光率最大的比色皿为 100%透光，测定另一只比色皿的透光率，换算成吸光度作为它的校正值。测定溶液时，以那只透光率最大的比色皿作空白，另一只比色皿装待测溶液，测定的吸光度需减去其校正值。

3. 吸光系数法。

精密吸取维生素 B_{12} 注射液样品(100 mg $\cdot mL^{-1}$)3.0 mL，置于 10 mL 容量瓶中，加蒸馏水至刻度，摇匀，得样品稀释液。装入 1 cm 石英比色皿中，以蒸馏水为空白，在 361 nm 波长处测得吸光度 A 值，与 48.31 相乘，即得样品稀释液中维生素 B_{12} 的含量($\mu g \cdot mL^{-1}$)，再乘以稀释倍数即可得原样品中 B_{12} 的含量($\mu g \cdot mL^{-1}$)，此含量除以样品标示量(与测得量的单位要相同)即可得出占标示量的百分比。

五、注意事项

1. 若无标准品，可采用文献的吸收系数，注意条件的不同之处。
2. 注意维护仪器。

六、思考题

1. 试比较用标准曲线法与吸光系数法定量的优缺点。
2. 吸光系数法中为什么吸光度乘以 48.31 即得每毫升注射液中 VB_{12} 的微克数？

◇ 小知识

UV-754 型分光光度计使用方法

1. UV-754 型分光光度计的键盘

(1) F1～F8：暂无功能，备扩展使用。

(2) T 键：具有三种透光度状态调节功能。

(3) A/C 键：吸光度/浓度转换键，按此键可分别表示吸光度 $0～3A$、吸光度 $0～1A$、吸光度 $0～0.1A$ 和浓度四种状态。

(4) 送入键：只在 A/C 键处于浓度状态时才起作用。

(5) 打印键：手动方式时有效，每按一次，便打印一次数据。

(6) 控制键：在分别使用设定+、设定−、倍率、显示方式和打印方式各键时，需与控制键分别联合使用才起作用。

(7) 设定"+"键：在 A/C 键处于浓度状态时才能设定标准浓度值、斜率 K 值或截距 B 值等数据，其功能是将设定数值增加。

(8) 设定"−"键：是使设定数值减小，操作与设定"+"键类同。

(9) 倍率键：用来设定标准溶液浓度的放大倍数，有 1、0.1 和 0.01 三挡，与控制键同时按下，倍率便发生相应的变化。

(10) 显示方式键：可表示积分、浓度和样品号三种状态。

(11) 打印方式键：有自动(每移动一次试样架，仪器自动打印一次数据)、方式 1(手动方式，每按一次此键，仪器打印一次数据)和方式 2(每分钟定时打印一次数据)三种状态。每与控制键同时按一次此键便改变一个状态。

(12) 送纸键：每按一次此键，仪器移动一次打印纸。

(13) TAC：数字显示器，显示测定结果或输入的数据。

2. UV-754 型紫外-可见分光光度计操作

1) 测试准备

(1) 将盛有空白或对照溶液的比色皿置于试样室光路位置。

(2) 选择波长，旋动波长手轮选定所需波长。

(3) 确定光源。波长在 200～290 nm 时，选择氘灯为光源；波长在 290～360 nm 时，同时以氘灯和钨灯为光源；波长在 360～850 nm 时，选择钨灯为光源。若使用氘灯，需按氘灯触发按钮启动。

(4) 仪器自检显示器显示 754 后，数字显示出现 100.0，表明仪器通过自检程序，此时仪器进入 0～100%，连续和自动状态(打印系统处于自动打印状态)。

(5) 仪器预热 30 分钟后方可进行测试。

2) 测试过程

(1) 数字显示透光度 100.0(或吸光度 0.00)2～3 秒后，将盛有标准溶液的比色皿移至光路，打印系统便自动打印出所得数据。

(2) 将盛有样品溶液的比色皿移至光路，打印系统即自动打印出该样品的数据。待第一个样品数据打印完毕后，将第二个样品置于试样室光路。若有多个样品，操作依此类推。

3) 打印方式

采用自动方式打印，依所选定表达方式可打印出以下数据：No(编号)%T(透光度)或 ABS(吸光度)或 CONC(浓度)。

4) 注意事项

(1) 预热是保证实验结果准确可靠的必要步骤，不可忽略。

(2) 在波长 320 nm 以下的实验范围一定要选用石英比色皿，绝不可用玻璃比色皿替代。

(3) 比色皿需保持清洁，拿放时要符合要求。

(4) 对不同型号和类型的仪器要严格按照使用说明操作。

(5) UV-754 型紫外-可见分光光度计还可开展以校正线进行浓度演算和用已知斜率 K 值与截距 B 值进行浓度测定等多种测试方法。

(6) 不同蛋白质所含酪氨酸、色氨酸和苯丙氨酸的数量有所差异，此法对不同蛋白质样品的测定结果有所影响。

实验十六　　原子吸收分光光度法测定头发中锌的含量

一、目的与要求

1. 了解和学习生物体系中元素含量的测定方法及生物样品的取样和消化方法。
2. 进一步掌握原子吸收分光光度计的使用方法及标准曲线法定量分析的方法。

二、原理摘要

痕量元素与人体健康的关系已经日益为人们所重视。与人体健康有关的元素可分为四种类型：必需元素、有益元素、污染元素和有害元素。这些元素在体内含量不同，将对健康造成不同的影响。在体内某个部位，如果某种必需元素或有益元素明显缺少，就会出现某种病态。另一方面，随着人类对自然界的开发及工业技术的发展而造成的环境污染，使某些污染元素和有害元素进入人体，对人类健康带来危害。为了对这些元素在人体内的生理功能进行研究，首先必须对人体内各种元素含量及其变化情况进行科学的测定。

本实验测定的锌元素是人体必需元素之一，许多酶的功能都依赖于锌，例如碳酸酐酶、醇脱氢酶、乳酸脱氢酶及各种肽酶。研究表明，如果动物体内缺乏锌，会引起嗜眠症和延缓智力发育。由于锌的不足而妨碍老鼠的正常生长和引起脱毛及皮肤损伤等已经得到证明。

头发主要由角蛋白组成，这类角蛋白含硫量多达 14%。同时，头发中也检测出许多痕量元素，如 Mg、Al、Cl、Ca、Cr、Mn、Fe、Co、Cu、Zn、As、Se、Cd、I、Hg、Au 等。头发中存在的痕量元素的量常常可以用来衡量头发生长期中吸收和消化这些痕量元素的数量。

头发中锌的含量很适合于用原子吸收分光光度法测定。

三、仪器与试剂

仪器：4510 型原子吸收分光光度计，空气压缩机，乙炔钢瓶，锌空心阴极灯，干燥器，烧杯，容量瓶，移液管，量筒，抽滤瓶，布氏漏斗等。

试剂：标准锌储备液(1000 μg/mL)，HNO_3、$HClO_4$、CH_3OH 等均为分析纯试剂。

四、实验内容

1. 取样和消化。

取头发约 0.2 g，记录提供者的年龄、性别、头发颜色和头发部位。用洗涤剂洗涤头发，随后用自来水、蒸馏水漂清，最后用甲醇漂洗两次(每次 10 mL)，放在约 100℃烘箱内烘半小时。在干燥器内冷却后，准确称取均为 0.07 g 的两份样品，放在 50 mL 小烧杯内，各加入 5 mL 浓 HNO_3，盖上表面皿，在通风橱内用小火加热，在保持微沸下使样品消化。当溶液体积减小一半时，停止加热，冷却，然后小心地各加入 2 mL $HClO_4$，继续加热保持微沸，直至近干，基本冒尽白烟。冷却至室温，加蒸馏水溶解残渣，全部转移至 25 mL 容量瓶中，以两次去离子水稀释至刻度。同时做样品空白。

2. 标准溶液的配制。

精密移取标准锌储备液 1.00 mL 置 100 mL 的容量瓶中，用两次去离子水稀释至刻度(此溶液的锌浓度为 10 μg/mL)。再分别精取此溶液 1.00 mL、2.00 mL、4.00 mL、8.00 mL、10.00 mL 于五个 25 mL 的容量瓶中，并以两次去离子水稀释至刻度。

3. 仪器工作条件。

锌空心阴极灯工作电流	10 mA
狭缝宽度	0.7 nm
波长	213.9 nm
乙炔气流量	2.5 升/分钟

4. 测定。

将仪器调节到最佳工作条件后，以两次去离子水调零，由稀到浓依次测定各标准溶液的吸光度。

相同条件下测定样品溶液及样品空白的吸光度。

$$样品溶液的吸光度 = 测得值 - 空白值$$

根据标准溶液的吸光度作出工作曲线，在工作曲线上查出试样中锌的浓度，计算出头发中锌的含量。

五、注意事项

1. 在安放 4510 型原子吸收分光光度计的工作室内不准有明火，乙炔钢瓶和仪器不得同处于一个房间。

2. 放置乙炔钢瓶的房间必需通风良好，房间内不得有明火。

3. 仪器点火时，乙炔流量不能超过 3 升/分钟，并在点火前保证废液管中有水封。

4. 乙炔钢瓶输出压力不能超过 0.12 MPa。

5. 仪器点火后，操作人员不能远离仪器。

6. 熄火时，应先关闭乙炔钢瓶的开关，待火焰熄灭后，再按工作站火焰原子化器参数设置的"检测"键，直至把管内乙炔余气放空。

7. 4510GF(石墨炉)开机时，需要通大功率 220 V 电源和水、气，为了安全，开机后操作人员不能远离仪器。

附　录

附表 1　常用缓冲溶液的配制

组　　成	pKa	pH	配 制 方 法
氨基乙酸-HCl	2.35	2.3	取氨基乙酸 150 g 溶于 500 mL 水中, 加浓 HCl 80 mL, 水稀释至 1 L
H_3PO_4-枸橼酸盐		2.5	取 $Na_2HPO_4 \cdot 12H_2O$ 113 g 溶于 200 mL 水后, 加枸橼酸 387 g, 溶解过滤后稀释至 1 L
一氯乙酸-NaOH	2.86	2.8	取 200 g 一氯乙酸溶于 200 mL 水中, 加 NaOH 40 g 溶解后稀释至 1 L
邻苯二甲酸氢钾-HCl	2.95	2.9	取 500 mg 邻苯二甲酸溶于 500 mL 水中, 加浓 HCl 80 mL, 稀释至 1 L
甲酸-NaOH	3.76	3.7	取 95 g 甲酸和 NaOH 40 g 于 500 mL 水中, 溶解后稀释至 1 L
NH_4Ac-HAc		4.5	取 NH_4Ac 77 g 溶于 200 mL 水中, 加冰醋酸 59 mL, 稀释至 1 L
NH_4Ac-HAc		5.0	取无水 NH_4Ac 250 g 溶于水中, 加冰醋酸 25 mL, 稀释至 1 L
NH_4Ac-HAc		6.0	取无水 NH_4Ac 600 g 溶于水中, 加冰醋酸 20 mL, 稀释至 1 L
NaAc-HAc	4.74	4.7	取无水 NaAc 83 g 溶于水中, 加冰醋酸 60 mL, 稀释至 1 L

组　　成	pKa	pH	配　制　方　法
NaAc-HAc	4.74	5.0	取无水 NaAc 160 g 溶于水中，加冰醋酸 60 mL，稀释至 1 L
六次甲基四胺-HCl	5.15	5.4	取六次甲基四胺 40 g 溶于 200 mL 水中，加浓 HCl 10 mL，稀释至 1 L
NaAc-H_3PO_4 盐		8.0	取无水 NaAc 50 g 和 $H_3PO_4 \cdot 12 H_2O$ 50 g 溶于水中，稀释至 1 L
Tris-HCl (三羟甲基氨甲烷) $CNH_2 \equiv (HOCH_2)_3$	8.21	8.2	取 25 g Tris 试剂溶于水中，加浓 HCl 8 mL，稀释至 1 L
NH_3-NH_4Cl	9.26	9.2	取 NH_4Cl 54 g 溶于水中，加浓氨水 63 mL，稀释至 1 L
NH_3-NH_4Cl	9.26	9.5	取 NH_4Cl 54 g 溶于水中，加浓氨水 126 mL，稀释至 1L
NH_3-NH_4Cl	9.26	10.0	取 NH_4Cl 54 g 溶于水中，加浓氨水 350 mL，稀释至 1L

附表 2　常用酸碱的浓度

试剂名称	相对密度	质量分数/%	浓度/($mol \cdot L^{-1}$)
盐酸	1.18～1.19	36～38	11.6～12.4
硝酸	1.39～1.40	65～68	14.4～15.2
硫酸	1.83～1.84	95～98	17.8～18.4
磷酸	1.69	85	14.6
高氯酸	1.68	70～72	11.7～12.0
冰醋酸	1.05	99.8(优级纯) 99.0(分析纯或化学纯)	17.4
氢氟酸	1.13	40	22.5
氢溴酸	1.49	47	8.6
氨水	0.88～0.90	25～28	13.3～14.8

附表 3 标准 pH 缓冲溶液的配制(25℃)

名　　称	pH	配 制 方 法
$0.05\ mol \cdot L^{-1}$ 草酸三氢钾	1.68	称取 (54 ± 3)℃下烘干 $4\sim5$ 小时的四草酸氢钾 $(KH_3(C_2O_4)_2 \cdot 2H_2O)12.61\ g$，溶于蒸馏水，在容量瓶中稀释至 1 L
饱和酒石酸氢钾 $(0.0341\ mol \cdot L^{-1})$	3.56	在磨口玻瓶中，装入蒸馏水和过量的酒石酸氢钾 $(KHC_4H_4O_6)$粉末(约 20 g/1000 mL)，控制温度在(25 ± 5)℃，据烈震摇 $20\sim30$ 分钟，溶液澄清后，取上层清液备用
$0.05\ mol \cdot L^{-1}$ 邻苯二甲酸氢钾	4.01	称取在(115 ± 5)℃下烘干 $2\sim3$ 小时的 GR 邻苯二甲酸氢钾 $(KHC_8H_4O_4)10.12\ g$ 溶于蒸馏水，在容量瓶中稀释至 1 L
$0.025\ mol \cdot L^{-1}$ 磷酸二氢钾 和 $0.025\ mol \cdot L^{-1}$ 磷酸氢二钠	6.86	分别取在(115 ± 5)℃下烘干 $2\sim3$ 小时的磷酸二氢钾 $(KH_2PO_4)3.39\ g$ 和磷酸氢二钠$(Na_2HPO_4)3.53\ g$ 溶于蒸馏水，在容量瓶中稀释至 1 L
$0.008\ 695\ mol \cdot L^{-1}$ 磷酸二氢钾和 $0.030\ 43\ mol \cdot L^{-1}$ 磷酸氢二钠	7.41	分别取在(115 ± 5)℃下烘干 $2\sim3$ 小时的磷酸二氢钾 (KH_2PO_4) 1.18 g 和磷酸氢二钠$(Na_2HPO_4)4.30\ g$ 溶于蒸馏水，在容量瓶中稀释至 1 L
$0.01\ mol \cdot L^{-1}$ 硼砂	9.18	称取 GR 硼砂$(Na_2B_4O_7 \cdot 10H_2O)3.80\ g$(注意不能烘烤)溶于蒸馏水，在容量瓶中稀释至 1 L
$0.025\ mol \cdot L^{-1}$ 碳酸氢钠和 $0.025\ mol \cdot L^{-1}$ 碳酸钠	10.00	分别称取碳酸氢钠 $(NaHCO_3)2.10\ g$ 和无水碳酸钠 $(Na_2CO_3)2.65\ g$ 溶于蒸馏水，在容量瓶中稀释至 1 L
饱和氢氧化钙 $(0.0203\ mol \cdot L^{-1})$	12.45	过量的氢氧化钙$(Ca(OH)_2)$粉末放入蒸馏水中,在(25 ± 5)℃的条件下剧烈震摇 $20\sim30$ 分钟，然后迅速抽滤用其清液，此清液贮于聚乙烯瓶中密封保存

附表 4　常用酸、碱溶液的配制方法

名　称	化学式	浓度(约数)	配　制　方　法
硝酸	HNO_3	16 mol · L^{-1} 6 mol · L^{-1} 3 mol · L^{-1} 0.1 mol · L^{-1}	浓硝酸(密度为 1.42 g · mL^{-1} 的 HNO_3) 取浓硝酸 375 mL，加水稀释至 1 L 取浓硝酸 188 mL，加水稀释至 1 L 取浓硝酸 4.5 mL，加水稀释至 1 L
盐酸	HCl	12 mol · L^{-1} 8 mol · L^{-1} 6 mol · L^{-1} 3 mol · L^{-1} 0.1 mol · L^{-1}	浓盐酸(密度为 1.19 g · mL^{-1} 的 HCl) 取浓盐酸 666.7 mL，加水稀释至 1 L 将浓盐酸与等体积的蒸馏水混合 取浓盐酸 250 mL，加水稀释至 1 L 取浓盐酸 8.4 mL，加水稀释至 1 L
硫酸	H_2SO_4	18 mol · L^{-1} 3 mol · L^{-1} 1 mol · L^{-1} 0.1 mol · L^{-1}	浓硫酸(密度为 1.84 g · mL^{-1} 的 H_2SO_4) 将 167 mL 浓硫酸慢慢加到 835 mL 水中 将 56 mL 浓硫酸慢慢加到 944 mL 水中 将 5.6 mL 浓硫酸慢慢加到 995.4 mL 水中
醋酸	HAc	17 mol · L^{-1} 6 mol · L^{-1} 3 mol · L^{-1}	冰醋酸(密度为 1.05 g · mL^{-1} 的 HAc) 取冰醋酸 353 mL，后加水稀释至 1 L 取冰醋酸 177 mL，加水稀释至 1 L
氢氧化钠	$NaOH$	6 mol · L^{-1}	将 240 g $NaOH$ 溶于水中，稀释至 1 L
氨水	NH_3	15 mol · L^{-1} 6 mol · L^{-1}	浓氨水(密度为 0.9 g · mL^{-1} 的氨水) 取浓氨水 400 mL，稀释至 1 L
氢氧化钡	$Ba(OH)_2$	0.2 mol · L^{-1}(饱和)	63 g $Ba(OH)_2$ · $8H_2O$ 溶于 1 L 水中
氢氧化钾	KOH	6 mol · L^{-1}	将 336 g KOH 溶于水中，稀释至 1 L

附表5 常用洗涤液

名 称	配 制 方 法	备 注
合成洗涤剂	将合成洗涤剂粉用热水搅拌配成浓溶液	用于一般的洗涤
铬酸洗液	取 $K_2Cr_2O_7$(L.R.)20 g 于 500 mL 烧杯中，加水 40 mL，加热溶解，冷后，缓缓加入 320 mL 粗浓 H_2SO_4 即成(注意：边加边搅拌)，贮于磨口细口瓶中	用于洗涤油污及有机物，使用时防止被水稀释。用后倒回原瓶，可反复使用，直至溶液变为绿色
$KMnO_4$	取 $KMnO_4$ 4 g，溶于少量水中，缓缓加入 100 mL 10% NaOH 溶液	用于洗涤油污及有机物，洗后玻璃壁上附着的 MnO_2 沉淀可用粗亚铁盐或 Na_2SO_3 溶液洗去
酒精-浓硝酸洗液	待洗容器内加入不多于 2 mL 乙醇，加入 10 mL 浓硝酸，静置即发生激烈反应，放出大量热及 NO_2，停止反应后再用水冲洗	用于洗涤沾有有机物或油污的结构较复杂的仪器。洗涤操作应在通风橱内进行，不可塞住容器，作好防护
碱性酒精溶液	30%～40% NaOH 酒精溶液	用于洗涤油污

附表6 常用基准物质及其干燥条件

基准物质	干燥后的组成	干燥条件
$NaHCO_3$	Na_2CO_3	260～270℃干燥至恒重
$Na_2B_4O_7 \cdot 10H_2O$	$Na_2B_4O_7 \cdot 10H_2O$	NaCl-蔗糖饱和溶液干燥器中室温保存
$KHC_6H_4(COO)_2$	$KHC_8H_4(COO)_2$	105～110℃干燥至恒重
$Na_2C_2O_4$	$Na_2C_2O_4$	105～110℃干燥 2 小时
$K_2Cr_2O_7$	$K_2Cr_2O_7$	130～140 加热 0.5～1 小时
$KBrO_3$	$KBrO_3$	120℃干燥 1～2 小时
KIO_3	KIO_3	105～120℃干燥
As_2O_3	As_2O_3	硫酸干燥器中干燥至恒重
NaCl	NaCl	250～350℃加热 1～2 小时
$AgNO_3$	$AgNO_3$	120℃干燥 2 小时
$CuSO_4 \cdot 5H_2O$	$CuSO_4 \cdot 5H_2O$	室温空气干燥
$KHSO_4$	K_2SO_4	750℃以上灼烧
ZnO	ZnO	约 800℃灼烧至恒重
无水 Na_2CO_3	Na_2CO_3	260～270℃加热半小时
$CaCO_3$	$CaCO_3$	105～110℃干燥

附表 7 常用酸碱指示剂及配制方法

名　称	变色pH范围	颜色变化	配　制　方　法
百里酚蓝 0.1%	1.2～2.3 8.0～9.6	红—黄 黄—蓝	0.1 g 指示剂与 4.3 mL 0.05 mol·L^{-1} NaOH 溶液一起研匀，加水稀释成 100 mL
甲基橙 0.1%	3.1～4.4	红—黄	0.1 g 甲基橙溶于 100 mL 热水
溴酚蓝 0.1%	3.0～4.6	黄—紫蓝	0.1 g 溴酚蓝与 3 mL 0.05 mol·L^{-1} NaOH 溶液一起研匀，加水稀释成 100 mL
溴甲酚绿 0.1%	3.8～5.4	黄—蓝	0.1 g 指示剂与 21 mL 0.05 mol·L^{-1} NaOH 溶液一起研匀，加水稀释成 100 mL
甲基红 0.1%	4.4～6.2	红—黄	0.1 g 甲基红溶于 60 mL 乙醇中,加水至 100 mL
中性红 0.1%	6.8～8.0	红—黄橙	0.1 g 中性红溶于 60 mL 乙醇中,加水至 100 mL
酚酞 1%	8.0～9.6	无色—淡红	1 g 酚酞溶于 90 mL 乙醇中，加水至 100 mL
百里酚酞 0.1%	9.4～10.6	无色—蓝	0.1 g 指示剂溶于 90 mL 乙醇中,加水至 100 mL
茜素黄 R 0.1%	10.1～12.1	黄—紫	0.1 g 茜素黄溶于 100 mL 水中
混合指示剂:			
甲基红—溴甲酚绿	5.1(灰)	红—绿	3 份 0.1%溴甲酚绿乙醇溶液与 1 份 0.2%甲基红乙醇溶液混合
百里酚酞—茜素黄 R	10.2	黄—紫	0.1 g 茜素黄和 0.2 g 百里酚酞溶于 100 mL 乙醇中
甲酚红—百里酚蓝	8.3	黄—紫	1 份 0.1%甲酚红钠盐水溶液与 3 份 0.1%百里酚蓝钠盐水溶液

附表 8 常用金属指示剂及配制方法

名　称	适宜 pH 范围及颜色变化	直接测定的离子	干扰离子及消除方法	配　制　方　法
二甲酚橙 (XO)	< 6 紫红—亮黄	pH < 1: ZrO^{2-} pH1~2: Bi^{3+} pH2.5~3.5: Th^{4+} pH5~6: Zn^{2+}、Cd^{2+}、Pb^{2+}、Hg^{2+}、稀土离子	Fe^{3+}:用抗坏血酸掩蔽 Th^{4+}:用 NH_4F 掩蔽 Cu^{2+}、Co^{2+}、Ni^{2+}:用邻二氮菲掩蔽	0.2%水溶液
铬黑 T (EBT)	8~11 红—蓝	pH10: Mg^{2+}、Zn^{2+}、Cd^{2+}、Pb^{2+}、Mn^{2+}、Ca^{2+}、稀土离子	Al^{3+}、Fe^{3+}:用三乙醇胺掩蔽 Cu^{2+}、Co^{2+}、Ni^{2+}:用 KCN 或 Na_2S 掩蔽	0.5%乙醇溶液
钙指示剂 (NN)	10~13 红—蓝	pH12~13: Ca^{2+}	Al^{3+}、Fe^{3+}:用三乙醇胺掩蔽 Cu^{2+}、Co^{2+}、Ni^{2+}:用 KC 或 Na_2S 掩蔽	0.5%乙醇溶液,或 1:100 NaCl (固体)
酸性铬蓝 K (K-B)	8~13 红—蓝	pH10: Mg^{2+}、Zn^{2+} pH13: Ca^{2+}		1:100 NaCl (固体)
吡啶偶氮酚 (PAN)	2~12 红—黄	pH2~3: Bi^{3+}、Th^{4+} pH4~6: Zn^{2+}、Cd^{2+}、Cu^{2+}、Ni^{2+}等		0.2%乙醇溶液
磺基水杨酸	1.5~2.5 紫红—无色	pH1.5~2.5: Fe^{3+}		2%水溶液

附表 9　国际相对原子质量表[以相对原子质量 Ar(^{12}C) = 12 为标准]

原子序数	元素名称	符号	相对原子质量	附注	原子序数	元素名称	符号	相对原子质量	附注
1	氢	H	1.0079	W	31	镓	Ga	69.72	
2	氦	He	4.00260	X	32	锗	Ge	72.598	
3	锂	Li	6.941*	W, X, Y	33	砷	As	74.9216	
4	铍	Be	9.01218		34	硒	Se	78.96*	
5	硼	B	10.81	W, Y	35	溴	Br	79.904	
6	碳	C	12.011	W	36	氪	Kr	83.80	X, Y
7	氮	N	14.0067		37	铷	Rb	85.4678*	X
8	氧	O	15.9994*		38	锶	Sr	87.62	X
9	氟	F	18.998403		39	钇	Y	88.9059	
10	氖	Ne	20.179*	Y	40	锆	Zr	91.22	X
11	钠	Na	22.98977		41	铌	Nb	92.9064	
12	镁	Mg	24.305	X	42	钼	Mo	95.94	
13	铝	Al	26.98154		43	锝	Tc	(98)	
14	硅	Si	28.0855*		44	钌	Ru	101.07*	X
15	磷	P	30.97376		45	铑	Rh	102.9055	
16	硫	S	32.06	W	46	钯	Pd	106.42	X
17	氯	Cl	35.453		47	银	Ag	107.868	X
18	氩	Ar	39.948*	W, X	48	镉	Cd	112.41	X
19	钾	K	39.0983*		49	铟	In	114.82*	X
20	钙	Ca	40.08	X	50	锡	Sn	118.69*	X
21	钪	Sc	44.9559		51	锑	Sb	121.75*	
22	钛	Ti	47.88*		52	碲	Te	127.60*	X
23	钒	V	50.9415		53	碘	I	126.9045	
24	铬	Cr	51.996		54	氙	Xe	131.29*	X, Y
25	锰	Mn	54.9380		55	铯	Cs	132.9045	
26	铁	Fe	55.847*		56	钡	Ba	137.33	X
27	钴	Co	58.9332		57	镧	La	138.9055*	X
28	镍	Ni	58.69		58	铈	Ce	140.12	X
29	铜	Cu	63.546*	W	59	镨	Pr	140.9077	
30	锌	Zn	65.38		60	钕	Nd	144.24*	X

原子序数	元素名称	符号	相对原子质量	附注	原子序数	元素名称	符号	相对原子质量	附注
61	钷	Pm	(145)	X	83	铋	Bi	208.9804	
62	钐	Sm	150.36*	X	84	钋	Po	(209)	
63	铕	Eu	151.96	X	85	砹	At	(210)	
64	钆	Gd	157.25*		86	氡	Rn	(222)	
65	铽	Tb	158.9254		87	钫	Fr	(223)	
66	镝	Dy	162.50*		88	镭	Ra	226.0254	X, Z
67	钬	Ho	164.9304		89	锕	Ac	227.0278	Z
68	铒	Er	167.26*		90	钍	Th	232.0381	X, Z
69	铥	Tm	168.9342		91	镤	Pa	231.0359	Z
70	镱	Yb	173.04*		92	铀	U	238.0289	X, Z
71	镥	Lu	174.967*		93	镎	Np	237.0482	Z
72	铪	Hf	178.49*		94	钚	Pu	(244)	
73	钽	Ta	180.9479		95	镅	Am	(243)	
74	钨	W	183.85*		96	锔	Cm	(247)	
75	铼	Re	186.207		97	锫	Bk	(247)	
76	锇	Os	190.2	X	98	锎	Cf	(251)	
77	铱	Ir	192.22*		99	锿	Es	(252)	
78	铂	Pt	195.08*		100	镄	Fm	(257)	
79	金	Au	196.9665		101	钔	Md	(258)	
80	汞	Hg	200.59*		102	锘	No	(259)	
81	铊	Tl	204.383		103	铹	Lr	(260)	
82	铅	Pb	207.2	W, X					

注：各相对原子质量数值的最后一位数字准确至±1，带星号*的准确至±3，括弧中的数值用于某些放射性元素，它们的准确性相对原子质量，因与来源有关而无法提供，表中数值是该元素已知半衰期最长的同位素的相对原子质量。

w：已知此元素在正常地球材料中的同位素组成有某些变化，故不能提供精确的相对原子质量。

x：已知此元素在某些地区的样品具有反常的同位素组成，以至于在这些样品中该元素的相对原子质量同表列数值之间的差值可能超过给定的未测准值。

y：由于对同位素组成进行了无意的或不公开的改变，在某些商品材料中该元素的相对原子质量同表列数值可能有相当大的差异。

z：该元素的 Ar 值是半衰期最长的放射性同位素的相对原子质量。